在改革开放中前行

——北京科学技术普及创作协会35周年历程

北京科学技术普及创作协会 编

科学普及出版社
·北 京·

图书在版编目（CIP）数据

在改革开放中前行：北京科学技术普及创作协会35周年历程 / 北京科学技术普及创作协会编．—北京：科学普及出版社，2015.10

ISBN 978-7-110-09235-4

Ⅰ. ①在… Ⅱ. ①北… Ⅲ. ①科学普及—普及教育—协会—概况—北京市 Ⅳ. ① G322.25

中国版本图书馆 CIP 数据核字（2015）第 210831 号

责任编辑	崔　玲　张　楠
装帧设计	中文天地
责任校对	杨京华
责任印制	张建农

出版发行	科学普及出版社
地　　址	北京市海淀区中关村南大街16号
邮　　编	100081
发行电话	010-62103130
传　　真	010-62179148
网　　址	http://www.cspbooks.com.cn

开　　本	787mm × 1092mm　1/16
字　　数	200千字
印　　张	14.75
版　　次	2015年11月第1版
印　　次	2015年11月第1次印刷
印　　刷	北京凯鑫彩色印刷有限公司
书　　号	ISBN 978-7-110-09235-4 / G·3862
定　　价	68.00元

编 委 会

序

繁荣科普创作　推进首都文明

——祝贺北京科学技术普及创作协会成立35周年

刘嘉麒
中国科学院院士
中国科普作家协会理事长

时光荏苒，岁月如梭，弹指一挥间北京科学技术普及创作协会已经度过了三十五年的光辉历程。北京历来是科普创作人才荟萃、科普作品百花争艳的福地。经历了“文化大革命”十年的凋零岁月，按捺不住的科普创作精英们，在1978年全国科普创作座谈会刚刚结束，就满怀激情酝酿成立了这全国第一支的科普创作专业队伍——北京科学技术普及创作协会。

三十五年来，北京科学技术普及创作协会在北京市科协的领导下，得到了高士其、茅以升、林巧稚、谢冰心、张文裕等科普大师的指导和支持；得到了中国科普作家协会的大力指导和支持。与中国科普作家协会紧密结合，在北京地区共同组织学术交流、开展笔会，研究探讨科普创作热点和选题；共同组织会员活动，积极培训中青年科普创作人才，使不少科研院所、高等院校、新闻出版、专业期刊的创作人才脱颖而出，为中国科普作家协会培养和输送了一大批优秀科普创作骨干力量。

三十五年来，北京科学技术普及创作协会组织创作出版了印数超过一千万册的《家庭卫生顾问》等大量优秀科普图书，不少作品获得了全国优秀科普作品奖；坚持开展科普创作理论和实践的学术研讨、交流，不断提升科普创作的能力和水平，使科普作品满足了不同时期的发展需求；积极承担并出色完成了北京科普创作出版专项资金评审工作、北京优秀科普作品评选工作等相关部门的职能、任务。认真开展科普图书出版发行、科普创作人才队伍、科普网站等调研工作，提出了北京地区科普创作出版的相关意见和对策，发挥了社会组织的独特作用。

在新时期，面对科普创作出版出现的机遇和挑战，北京科学技术普及创作协会积极参与和开展社会活动，不断扩大协会的影响力，广泛联系新兴的科普媒体，充分利用互联网的优势，稳步扩大协会队伍，凝聚了一批热心科普创作的中青年人才，不断推出了适应社会发展的优秀科普作品，为繁荣首都的科普事业做出了突出的贡献。

值此北京科学技术普及创作成立三十五年之际，我殷切希望：北京科学技术普及创作协会要认真学习领会习近平总书记系列重要讲话和李源潮副主席会见科普作家座谈会上的重要指示精神，牢牢把握科普服务于建设创新型国家、服务于国家创新驱动发展战略这个主线，把首都科普创作的力量凝聚到实现“两个百年”奋斗目标、实现中华民族伟大复兴中国梦、实施创新驱动发展战略上来，继续大力推进首都的科普创作繁荣发展，引导科普创作快速适应信息时代公众对科普的新要求，丰富科普创作的内容，创新科普创作表达形式，满足公众日益增长和不断变化的科普需求。加大对科普作品的传播力度，让优秀科普作品在网上流行，在公众中传颂。要充分运用信息化手段，拓展科普作品的传播渠道，扩大科普作品的覆盖面，提升科普作品的传播渗透力和影响力。同时，要加强对中青年科普创作人才的培养，继续开展科普创作的培训、交流和研讨，使首都科普创作队伍的能力和水平、首都优秀科普作品的数量和层次始终走在全国的前列。

衷心祝愿北京科学技术普及创作协会不断发展、壮大！

刘嘉麒

前言

与时代同行

周立军
北京市科协副主席
北京科学技术普及创作协会理事长

1978 年，一个令所有中国人难以忘怀的年份。这一年，党的十一届三中全会在北京召开，绘就了现实工业、农业、国防和科学技术现代化的宏伟蓝图；这一年，召开了全国科学大会，号召全国人民“向科学进军”，中国迎来了“科学的春天”；这一年，中国科学技术协会在上海召开全国科普创作座谈会，犹如一股强劲的东风，鼓动起科普工作者的满腔热情，吹响了发展中国科普创作的号角。这一年 9 月 26 日，北京科学技术普及创作协会（以下简称北京科普作协）经过精心筹备正式成立，成为全国第一个专门从事科普创作出版的社会团体。

三十五年，弹指一挥间。伴随着改革开放的步伐，北京科普作协与时代同行，在首都科普事业创新发展的进程中，为科普创作人才大有作为架桥铺路，为繁荣科普作品出版搭台助力，为提高全民科学素质贡献智慧和力量。三十五年，峥嵘岁月稠。伴随着时代潮流的涌动，北京科普创作事业得到空前发展和繁荣，科普精品力作频现，科普创作人才辈出，首都科普在全国的领先地位日益巩固，国际影响力也日趋提升。三十五年来，北京科普作协开全国之先河，从无到有，从弱到强，用妙笔书写着中国科普事业的春秋。北京科普作协的历史，就是一部首都科普作家群体自强不息、不断壮大的发展史，也是一部勇于担当、砥砺前行的奋斗史。

科普创作始终是协会的核心使命。三十五年来，协会共组织创作或重点策划编写的科普图书 55 本，共有 1 280 万字，总共出版了 1100 万册。其中《家庭卫生顾问》《厂长必备》《迈向 21 世纪科普丛书》《名家讲科普》等 25 部优秀科普图书社会影响广泛。《现代工程师手册》《小学生手册》《现代妇女实用家政手册》等实用性科普图书得到了公众好评;《迈向 21 世纪科普丛书》《潘家铮院士科幻作品集》《回望人类发明之路》《基因的故事》等 4 部作品分别获得了中国图书奖、中国出版政府奖、国家科技进步二等奖;《名家讲科普》系列丛书、《鸟兽物语》等 11 部作品获得了全国优秀科普作品奖,《放飞神舟》《登上健康快车》等 29 部作品获得了北京市优秀科普作品奖。协会一直承担着负责北京科普创作出版专项资金的评审和北京市优秀科普作品的评选工作，共评审出获得资助的科普作品 249 部，优秀获奖作品 240 部。

科学普及始终是协会的重要责任。三十五年来，协会与北京广播电台合作，开办《大众科学》栏目，向公众普及科学知识；与北京电视台合作，开办《健康百话》节目，把卫生保健常识送到千家万户；与北京日报、北京晚报合作，开办《生活中来》《科学长廊》等专栏，把生活中的科学知识向公众普及；与中央广播电视大学合作，以《现代工程师手册》为教材，举办工程师进修班，参加进修的学员达 16 万多人；与首都地区 20 余家广播、电视、报纸、期刊合作，举办科学知识竞赛活动，数万名市民积极参与。随着新媒体影响力的不断扩大，协会及时依托信息网络平台开展科普作品征集活动，支持会员利用微博、微信进行科学知识传播。每年的北京科技周、全国科普日北京主场、北京科学嘉年华活动中，都活跃着协会会员的身影，北京科普作协作为专业科普社团从来都是首都大型科普活动的主角。

人才培养始终是协会的希望工程。三十五年来，北京科普作协始终把发现人才、培养人才作为工作重点，积极打造社会化平台，为青年科普创作人才施展才华、脱颖而出创造条件，提供沃土。协会深入大学和科研机构开展科普创作的培训、讲座，吸引科技人员特别是高校青年学生参与到科普创作中来；面向新生力量连续举办科普作品征集评选活动，组织老会员帮助点评指导，出专刊推出青年人的优秀作品；积极参与青少年校内外科技教育，常年组织会员为中小学生作科普报告。为加强首都科普人才队伍建设，协会还开展了“北京地区科普创作人才队伍的现状及发展研究”，提出了“加强首都科普创作人才队伍建设的建议”。

服务会员始终是协会的根本宗旨。三十五年来，协会连续组织会员深入科研一线激发灵感，通过“笔会”加强创作交流，召开研讨会探寻科普创作的规律，碰撞科普创作的思路和选题。每年协会还要组织不同形式的科普创作策划会，紧扣时代脉搏、追踪科技前沿、关注公众需求、呼应社会热点，挖掘出了一大批优秀科普创作选题。协会网站为所有会员架起了无障碍沟通的桥梁，更成为联系广大会员的紧密纽带。《会讯》是服务会员的又一个平台，每一条信息都是会员所关心的，阅读她平添了亲切与归属。依照《协会章程》，协会定期召开理事会，理事们畅所欲言，气氛活跃，流露的是真情，涌动的是责任，集体决策、民主办会落到了实处。

经历三十五年发展，北京科普作协作为首都从事科技科普出版单位、科普教育场馆、科普教育机构等团体和科普创作工作者组成的科普社团，已经成为首都科普战线上重要的“桥头堡”，成为全民科学素质建设中不可替代的重要力量。回首北京科普作协走过的道路，我们深切体会到，要保证协会健康发展，必须坚持正确的政治方向，自觉接受科协和政府部门的指导；必须依照《协会章程》，民主办会，充分发挥理事会领导作用，广泛凝聚全体会员力量；必须以科普创作为中心，坚守科普主战场，高扬科普专业团体的鲜明旗帜；必须与时俱进，勇于开拓创新，始终保持旺盛的生机与活力。

在实现中华民族伟大复兴中国梦的历史进程中，科普工作者肩负着普及科学、传播智慧的重要使命，承担着提高全民科学素质的历史责任。党和政府历来重视科普事业发展，习近平总书记明确指出，科普与科研如鸟之双翼、车之双轮同等重要。适逢大势，北京科普作协作为首都重要的科普社团在未来的发展中任重道远，必须勇于担当，紧抓机遇，发挥专业优势，凝聚团体力量，为首都科普事业推陈出新、勇立潮头，积极发挥作用贡献力量。

2014 年 11 月 4 日，国家副主席李源潮在与科普创作工作者代表座谈时指出，科普创作工作者要把握科普传播信息化、网络化、声光化、互动式的发展趋势，多到科学家中去，到科技一线去，到青少年中间去，熟悉对象、寻找灵感，为实现中华民族的科学梦奋力创作，在中国科学文化宝库中留下这一代科普工作者的足迹。领会源潮同志讲话精神，我们能够梳理出发展科普创作的思路。

首先，作为科普创作工作者，应当敏锐感知科技发展趋势，善于运用新技术、新手段、新途径开展科学传播。与其他领域相比，科普最明显的特征就是全面追踪科技发展前沿，要引领公众理解科学，必须首先了解和掌握科学技术最新成果以及它们与社会的关系，并通过最有效的方式、最快捷的渠道、最准确的表达传播出去。因此不断学习是对科普创作工作者基本的要求，始终保持求知欲，始终走在科技应用的最前列，唯有如此才能创造出有影响力的优秀作品，才无愧于科普作家的称号。

其次，科普作家不能孤芳自赏，科普作品的优劣必须由读者来评判。当下科普图书市场不景气，其原因是多方面的，但绝不能掩盖创作质量不高这一主要原因。当人们感叹大师不再，精品难觅时，一定要追根究底，那就是创作思想、创作态度问题。不了解社会的热点，不懂得群众之关切，不知道青少年成长规律，哪里能抓得出好的选题？不请教科学家，不走进实验室，怎么了解日新月异的科技进步？科普作家是科学精神、思想、知识、方法的传播者，要成为优秀的科普作家，只有写作才华是不够的，必须遵从科普创作规律，扑下身子问民所需，迈开步子求教于师，还要熟悉科普对象关心的问题与接受的方式，然后激发灵感，指舞键盘，跃然纸上，这样接地气的科普作品才会受欢迎，才有影响力。

第三，科普创作工作者使命光荣，重任在肩。科普创作工作者是科技工作者的一部分，实现中华民族的科学梦责无旁贷。新的历史时期，科普事业发展机遇与挑战并存，动力与压力同在。在我国经济发展成就举世瞩目，科技进步亮点频现的今天，科普创作乏善可陈的现状应该令科普作家们坐立不安。怎么办？一是科普创作工作者要奋力创作，不辱使命；二是科普作协要勇于担当，真正发挥组织者的作用，尽到保驾护航的责任。担当是一种责任，更需要一份勇气。为坚持真理传播科学而献身的壮举自古有之。今天，面对不科学的流言传播，群体性非理性行为多发的状况，科普作家应当勇敢地站出来，用科普创作的利剑阻止流言扩散，匡正无知者的行为，引导人们回归理性。我相信，只要同心协力，在中国科学文化宝库中一定能留下我们这一代首都科普创作工作者的足迹。

三十五年，又是一个起点。在百年梦想的召唤中，北京科普作协将乘风破浪，奋发有为。在继承优良传统的同时，更要锐意进取，不断开拓科普事业的新征程，新局面。

向科普创作的前辈们致敬！

向全体会员致敬！

向关心支持帮助协会发展的所有人致敬！

目录

第一部分

发展历程

北京科学技术普及创作协会
35周年历程

1978年9月26日，北京科普作协成立大会在北京工人体育场礼堂隆重召开。光阴如箭，岁月如梭，如今北京科普作协已经走过了35个春秋。35年来，接力棒传了一届又一届，在北京市科协的领导下，在中国科普作协和社会各界的支持与帮助下，在理事会各届领导和广大会员们共同努力下，北京科普作协不断发展壮大，为北京乃至全国的科普事业发展做出了巨大的贡献。

第一届理事会

（1978 年 9 月—1984 年 6 月）

一、北京科普作协的成立

1978 年 5 月 23 日至 6 月 5 日，中国科协在上海召开全国科普创作座谈会。北京市科协科普部负责人黄寿年同志和北京天文馆卞德培、李元，北京市卫生教育所的高翼、刘立，北京市急救站李宗浩以及北京自然博物馆黎先耀等同志作为北京市的代表参加了会议，并就繁荣科普创作事业、建立科普创作队伍进行了热烈的讨论。会后，黄寿年同志和几位参加会议的代表立即酝酿成立北京科普作协，并向北京市科协领导做了汇报。在北京市科协领导的大力支持下，自 6 月份开始，进行了北京科普作协筹建工作。7 月 20 日，北京市科协召开了全市科普工作会议。各科普场馆、有关科研单位、各区县科协领导和部分科普作家参加了会议。会上专门召开小组会，听取关于成立科普作协的意见，大家一致表示同意和赞成，对在北京市成立全国首个地方性的专门从事科普创作、传播的社团，表示积极支持。

在北京科普作协的筹备工作中，经过认真调查研究，初步确定了协会领导班子和核心成员的人选，起草了协会的章程讨论稿，并得到了北京市科协领导的批准。

1978 年 9 月 26 日，北京科普作协成立大会在北京工人体育场礼堂举行，150 多位代表参加了成立大会，北京各广播电台、报社等主要媒体的记者参加了会议。被协会聘为顾问的高士其、林巧稚、张文裕、谢冰心四位知名人士和中国科协领导出席了会议。

会议由北京市科协科普部部长黄寿年主持，北京市科协党组书记、副主席田夫做主题报告。主管北京市科技工作的副市长白介夫出席了会议，并发表重要讲话。至此，全国第一个集聚科普人才，专门从事科普创作、传播的社会团体——北京科普作协诞生了。

同日，北京科普作协首届会员代表大会选举产生了理事会，通过了协会的章程。在首届理事会大会上，成立了医学、工业、农业、少儿、文艺5个专业委员会，作为科普作协的基层组织机构。

第一届理事会成员

顾　问

高士其（中国科协顾问、著名科普作家）
林巧稚（全国人大常委、著名妇产科专家）
张文裕（全国人大常委、中国科学院高能物理所所长）
谢冰心（全国政协常委、著名作家）

理事长茅以升

理事长

茅以升（全国人大常委，中国科协副主席，北京市科协主席，著名桥梁专家）

副理事长

徐剑平（北京市科协副主席）
钱　骥（中国空间技术研究院科学家）
蔡　旭（北京农业大学研究生院副院长、教授）
张　志（北京市出版局局长）
韩作黎（北京市教育局局长）
王衍盈（北京市文联副秘书长）
仇春霖（北京冶金机电学院副院长）
林之光（中国气象局天气气候所研究员）

秘书长

黄寿年（北京市科协科普部部长）

副秘书长

卞德培（《天文爱好者》编辑部主任）
宋东生（北京仪器厂工程师）
方丹群（北京市劳动保护科研所工程师）
裘宗沪（中国科学院数学所助理研究员）
李宗浩（北京市急救站医师）

常务理事（按姓氏笔画排序）

王在德（北京农业大学农学系副教授）
王政人（北京出版社副总编辑）
张家谋（北京邮电学院电视教研室讲师）
赵　莹（北京科教电影制片厂编导室负责人）
高　翼（北京市卫生教育所负责人）
缪印堂（《民间文学》编辑部美术创作人员）
黎先耀（北京自然博物馆副馆长）

理事（按姓氏笔画排序）

刘　立　许承康　杨永源　余洪绪　陈亚东　陈受宜　郑慕琦
耿守忠　徐　洪　郭继武　谢　础　甄塑南　蔡幼伯

二、第一届理事会期间的主要工作

北京科普作协的诞生集聚了北京地区热心科普创作事业的各界人才，充满了生机和活力。第一届理事会积极组织会员开展科普创作，为会员创作交流搭建平台，在北京市科协的领导和中国科普作协的指导下，为提高首都广大公众的科学文化素质，不断探索前行，做了许多开创性的工作。

1. 认真开展调查研究，抓好科普创作选题策划

科普创作是协会的第一要务，协会理事会认真开展调查研究工作，多次组织新闻、出版、期刊等方面负责人的会议，及时了解科普创作出版的动向，积累有关科技发展、生产状况及科普对象等方面的资料。在策划创作选题时，多次召开农村干部、厂长、高校教师、科技人员、协会工作人员等相关人员的座谈会，并发放大量调查信函进行调查研究，在此基础上确定科普创作图书的选题。

为了多出书、出好书，发挥协会的团队优势，认真组织重点科普图书的创作，采取组织创作一本书、成立一个编委会、培养一批作者的方式，选择与图书选题所关联的学科范围内确有真才实学的人参加创作，并对作品进行经常性的创作研究和评介，不断提升会员科普创作的水平和能力。

第一届理事会期间，协会 200 多名会员自行创作出版或发表的科普作品两千余种，会员创作、协会推荐出版或发表的科普作品有数百种。协会自行组织创作并联系出版的重点书目共 21 种 29 本，总计约五百万字。

其中，协会重点组织创作的第一本书《家庭卫生顾问》影响巨大，不断重印、再版，成为当时的畅销书，深受广大公众的欢迎，产生了广泛的社会影响。《厂长必备》针对性强，回答了在改革开放初期厂长在科学管理上面临的问题。《智慧的花朵》通俗易懂，以短小精悍的文章向公众普及最新的科学知识。还有《工业现代化常识》《高等院校理工农医专业简介》《农村社队干部生产技术顾问》《邮电职工业余自学教材》《护理随笔》《让我们聪明起来》以及《儿童家庭科学实验》等各类服务于产业发展，面向公众、青少年的图书，受到了社会各界的广泛好评。

2. 搭建交流平台，服务会员，促进创作

为了增强会员之间的联系和交流，更快提高会员的创作水平，协会开创性地搭建了“月末笔会”这个交流平台，在笔会上，来自新闻、出版、期刊的会员和来自高校、科研院所等单位热心科普创作的会员进行交流、碰撞，启迪科普创作的灵感和火花。笔会还举办了科学前

沿、科技政策报告会以及专题研讨会、选题策划会等多种形式的活动，受到会员的欢迎。为了更好地服务会员，促进科普创作，协会还组织了优秀科普作品评奖活动，为会员创作的作品组织研讨、点评，积极鼓励会员在交流研讨中，自由发表不同学术见解，提高科普创作水平。

第一届理事会期间，协会每年还组织会员进行科学参观考察，帮助会员深入生产、科研和生活实际，开阔眼界，增长知识。为了获得会员单位的支持，协会还及时与其所在单位沟通信息，介绍会员在科普作协的工作情况与贡献。另外，还建立会员科普创作档案，熟悉和掌握会员的专长。协会通过以上工作，进一步激发了会员科普创作的热情，也扩大了北京科普作协的影响力。

3. 广泛联系，加强合作，拓宽科普创作领域

科普创作涉及各行各业、千家万户，要满足社会日益增长的需要，光靠协会自身的力量是不够的，还必须广泛联系社会上的科普力量，建立多形式、多层次的科普创作协作网络。为此，协会首先尝试同北京人民广播电台合办《大众科学》栏目，组织会员开展创作，定期向栏目提供与广大公众生活息息相关的各类稿件，通过广播电台进行科普宣传。之后，协会同中央电视台合办了《儿童家庭科学实验》《卫生与健康》节目，承担了《家用电器》《科学与生活》杂志的科普专栏的组稿与编辑工作，为《人民日报》科学副刊《大地》定期提供稿件等。这种联合有影响力的媒体共同开展科普创作的工作方法，为会员提供了可以作为的阵地，也为协会培育人才找到了抓手。

通过协会开展的工作，拓宽了科普创作的领域，使协会在社会上的影响力不断扩大，很多单位开始主动与协会联系合作。例如：总政歌舞团为创作反映科技题材的节目，到协会来聘请顾问；人民日报社教科文部向协会提出约稿，请协会有关科普创作人员撰写《美国空间实验室坠落》等科普文章；《世界知识》杂志社请协会不定期地组织撰写关于《要求联合国立法研究开发月球主权问题》等科普短文；中国木偶剧团要求为他们创作儿童科幻剧；北京科影厂也要求协会组织撰

写科普影片的剧本等。

4. 积极发展会员，扩大协会队伍

协会的核心是会员，为了扩大会员队伍，协会依托理事会成员和会员，广泛联系北京地区的新闻、出版、期刊等单位从事科普创作的编辑和作者，积极发展协会会员。同时欢迎理事和会员推荐热心科普工作的同志到理事会中担任工作，增强协会活力。第一届理事会期间，协会吸收了来自社会各方面、多学科专业热心科普创作的科技工作者400多人加入协会，壮大了队伍。

为了更好地进行交流和创作，协会按照学科专业成立了医学、工业、农业、少儿、文艺5个专业委员会，会员可自由参加1 ~ 2个委员会的活动。

以上这些工作使协会的科普创作水平不断提高，影响力不断扩大。第一届理事会期间，北京科普作协成为了首都科普工作的重要社会力量，大大推动了北京地区科普创作事业的繁荣与发展。

三、第一届理事会期间的工作亮点

1. 组织编写《家庭卫生顾问》

《家庭卫生顾问》是北京科普作协成立以来组织编写的第一本图书。当时，国内这方面的图书十分匮乏，没有一个单位或部门能够独立完成一部多领域、多学科的科普图书。为了满足社会的迫切需求，提高人们的科学素质，协会决定充分发挥社会团体联系面广泛的特有优势，创作出版一本针对家庭卫生健康的医学科普书籍。

该书于1978年11月开始酝酿编写，1979年1月确定编写大纲，目标是这本书应当成为家庭卫生工作的顾问和指南，成为广大工农兵、知识分子家庭生活中一本经济、实用、方便、必备的工具书。协会2月份开始组织作者写稿，96位医学界各个学科的带头人和专家参加了编写，主编是著名妇产科专家林巧稚。该书第一版共13章，38万字，于1980

年 2 月由北京出版社出版，图书出版后得到了广大公众的欢迎和好评。

1982 年 6 月,《家庭卫生顾问》修订再版，全书仍然分为 13 章，除了对一些条目作了合并改写，并删除了个别不适宜的条目外，重点是增加了一些有关遗传与优生、婴幼儿保健、青少年健康、常见病的防治和急救知识等方面的内容，字数增加到了 54 万字。

1980 年 10 月，由中华医学会等单位联合举办的第一届全国医药卫生科普大会上,《家庭卫生顾问》获得了全国优秀医学科普图书奖。1982 年获得全国优秀科技图书奖。中宣部《宣传动态》1981 年第二期刊载的“国内畅销书动态”一文中，将《家庭卫生顾问》列为出多少销多少的全国十大畅销书之一。

该书自出版以后多次重印，到了 20 世纪 90 年代，已经印刷了 14 次，总印数超过 1000 万册。

2. 创办《大众科学》栏目

1978 年北京科普作协成立的时候，北京还没有电视台，那时候影响最广泛的大众传媒就是广播电台。北京人民广播电台科技组负责人徐洪是科普作协的理事，为了充分利用协会的资源优势，更好地向公众宣传普及科学知识，她提出与协会合作创办一个科普栏目，经过商榷栏目名称为《大众科学》。

协会对开创的这个栏目十分重视，选派了专人与广播电台联系，向会员进行约稿、组稿工作，定期传达协会对科普宣传内容的一些想法和要求。《大众科学》栏目每天在广播电台科技栏目中定时播出，各种短小精悍、与公众生活息息相关的科普知识由电波在北京上空传播，北京科普作协也因此取得了更为广泛的社会影响，这对成立不久的科普作协来讲非常重要。另一方面，首次合作也使协会与媒体在合作方面获得了有益的经验。北京广播电台科技组的负责人徐洪对此合作也十分振奋，并在全国广播电台工作会议上就此做了经验介绍。

《大众科学》栏目是协会同媒体的第一次合作，它开创了协会与大众传媒合作的先河，也是协会与首都地区各媒体进行联系合作的良好起点。此后，协会先后与中央电视台、北京电视台、人民日报社、北京日报社、北京晚报社等单位合作开办了相关的栏目和专刊等，并由此逐步向更为广泛的社会化方向发展。

3. 创办月末笔会

北京科普作协为会员搭建了开展社会化、群众化的科普工作交流平台，也为首都新闻、出版、报刊、科研等有关单位部门进行横向联系、沟通合作建立了一种网络机制，这主要从其工作活动中体现出来，创办月末笔会就是这些活动的典型代表。

之所以叫月末笔会，是因为它在每个月的最后一个礼拜的周末下午举行，笔会没有固定的地点，没有固定的参会人，没有主题，没有主持人。科普作协为会员们找好笔会地点，发信通知，会员接到通知后自愿参加笔会。参加者以作者、编者、读者为主，他们相聚一堂，相互交流、沟通信息、建立联系、思想碰撞……月末笔会以一种松而不散的组织形式取得了良好的效果，以至一些地方出版社都来联系要求参加月末笔会，他们希望通过笔会找到作者、选题，甚至签下出书意向协议。

协会作为社会团体，经常被称为影子部队。月末笔会给会员提供了每月相聚的机会，一块场地、一把椅子、一杯清茶，这就是月末笔会提供的所有物质条件，简单而质朴，但它却给参加者提供了一片广阔的交流天地和一个难得的沟通契机，成为会员之间相互联系的一种纽带。笔会形成例会以后，每次都会有几十到一二百人参加，这一方面体现了科普作协强大的号召力和凝聚力，另一方面也充分展现其作为社会化、群众化平台的特点。

第二届理事会

（1984 年 6 月—1991 年 2 月）

一、北京科普作协第二次会员代表大会

北京科普作协第二次会员代表大会 1984 年 6 月 30 日在北京举行。北京科普作协理事长茅以升出席了会议，中国科普作协理事长温济泽和副理事长王麦林到会并讲话，他们充分肯定了北京科普作协成立几年来在科普创作工作中取得的成绩，对今后的工作提出了殷切的希望。北京市科协党组书记任湘参加了会议并讲话，他热情鼓励协会全体会员在科普创作中写出更多的好作品，做出更大的成绩，并希望协会在探索改革的道路上不断前进。会上，北京科普作协第一届理事会副理事长仇春霖作了工作报告，副理事长卞德培作了修改章程的报告，会议选举出了北京科普作协第二届理事会成员。当天下午，北京科普作协第二届理事会召开第一次会议，选举了常务理事并进行了分工。会上，还确定了各专业委员会的召集人：

一般读物委员会：方丹群　刘　立

少儿专业委员会：郭　治

工交专业委员会：张开逊

农业专业委员会：蔡幼伯

科学文艺专业委员会：耿守忠

美术专业委员会：缪印堂

医学专业委员会：李宗浩

军事专业委员会：林仁华

翻译专业委员会：颜　超

第二届理事会成员

名誉理事长

茅以升（全国政协副主席、著名桥梁专家）

| 理事长仇春霖 |

理事长

仇春霖（北京冶金机电学院院长）

副理事长

蔡　旭（北京农业大学研究生院院长、教授）

韩作黎（北京市教育局顾问）

王衍盈（北京市文联副秘书长）

林之光（中国气象局研究院气候室副主任）

卞德培（《天文爱好者》编辑部主任）

黄寿年（北京市科协科普部部长）

王政人（北京出版社副总编辑）

秘书长

黄寿年（兼）

副秘书长

宋东生（北京工交干部进修学院工程师）

冷兆和（北京市政工程局科技处工程师）

郭正谊（中国科普研究所室主任）

崔　玲（北京天文馆工作人员）

范永仁（北京市科协科普部工作人员）

常务理事（按姓氏笔画排序）

王在德（北京农业大学教授）

张家谋（北京邮电学院副教授）

林仁华（解放军出版社编辑处副处长）

赵　莹（北京科教电影制片厂编导）

高　翼（北京市卫生教育所所长）

缪印堂（中国科普研究所研究人员）

黎先耀（北京自然博物馆副馆长）

理事（按姓氏笔画排序）

刘　立　许承康　杨永源
余洪绪　陈亚东　陈受宜
郑慕琦　封根泉　耿守忠
徐　洪　郭　治　郭继武
谢　础　甄塑南　蔡幼伯

二、第二届理事会期间的主要工作

北京科普作协第二届理事会期间，我国的经济、政治改革取得了巨大成就，科学技术和教育事业有了长足的发展。在这种形势的推动下，在北京市科协、中国科普作协的领导和支持下，经过全体会员的共同努力，北京科普作协主要做了以下工作。

1. 认真抓好科普创作

组织会员参加科普创作是科普作协的主要任务。协会努力贯彻为公众服务、为社会服务的方针，认真组织会员开展科普创作。虽然由于经济建设的发展，对科普创作出版有了一定的影响，出现了出书难的问题，一定程度上削弱了科普创作队伍的凝聚力。但是，协会不断适应社会变革的要求，调整创作选题思路，组织编写出版的图书共达35种、253.5万字，累计印刷133.5万多册。

这些图书，内容广泛，适应了社会各方面不同层次读者的需要。随着科学技术的不断发展，我国引进并开发了大量新成果、新技术、新材料以及全新的企业管理方式和理念，广大工程技术人员和管理人员现有的知识结构必须不断更新才能满足时代发展的需求。为此，在北京市科协的指导下，以茅以升为主编，协会组织编写了《现代工程师手册》一书，并与中央广播电视大学、北京市经委联合举办了培训班，取得了突出的成效。

此外，协会还组织编写了面向国家经济建设、专业性较强的《国土整治实例》，直接为农业现代化服务、为广大农村干部提供科技知识的《农村干部技术顾问》，帮助青少年读者增长科学知识、启迪智慧、陶冶情操的《青年科技小顾问》《第二课堂丛书》《小学生手册》等。其中，有4本书在“北方10省市优秀科技图书评选”中获二等奖，一些图书受到有关部门和出版社的赞赏和好评。

2. 拓展新的科普创作领域

随着电视的迅速普及，传统的以出版图书为主的科普创作方式受到了挑战。对此，协会从 1985 年开始，联合北京电视台、北京市卫生教育所等单位举办了《健康百话》节目。它以城镇家庭为对象，利用富于吸引力的电视科普小品形式，向广大群众宣传普及有关身心健康的科学知识。三年多的时间内，在北京电视台播出 100 部，其中，60 多部的文字剧本是由协会组织会员创作的。1987 年,《健康百话》获卫生部颁发的“白鹤杯”特别奖，7 部片子分获一等奖、二等奖、三等奖。

为配合首都经济建设的发展和政府宣传工作的重点，提高公众的科学文明素质，1987 年，协会与北京科技记者编辑协会联合举办了“首届首都科学与文明知识竞赛”活动，在《光明日报》《中国青年报》《工人日报》《北京日报》《北京晚报》《北京科技报》等刊登了竞赛试题，共有 8 万余名公众参与了竞赛活动，取得了良好的社会效益。协会还与北京日报社、北京晚报社、北京人民广播电台等单位合作举办了各种类型的专栏、专版、专题节目和评选优秀科普作品的活动，如与北京晚报社合作举办了《新闻中的科学》和《科学夜谭》栏目，与北京日报社合办的“吃、穿、住、用讲科学”优秀科普短文评选活动等。

协会还多次组织会员参加中国科普作协的活动，其中美术专业委员会参加的中国科普作协“全国农村科技致富科普美展”和“美哉中华　爱我中华”科普美术摄影展览，共组织创作科普美术作品 82 幅，其中 9 幅获奖。

3. 坚持办好笔会交流

笔会是多年来受到会员欢迎的一种活动形式，第二届理事会期间，协会以笔会形式开展了多次学术交流和多种活动。包括：组织报告会，学习了解国家科技体制改革的情况和经济建设的形势，以激发会员的科普创作热情；组织参观考察，以增长见识，开阔科普创作思路；组织会员科普创作交流会，邀请出版单位、编辑人员和会员座谈交流，以沟通创作信息，总结创作经验，促进会员多出书，出好书；组织文体联谊活动，以加强会员团结，丰富会员生活等。

4. 整顿协会组织，表彰先进

为使协会会员尽快适应社会改革开放的不断变化，协会 1985—1986 年进行了组织整顿，对全体会员重新登记。协会原会员 640 名（包括北京科普作协会员和中国科普作协在京会员），通过整顿后的会员 473 名，其中北京科普作协会员 227 名，中国科普作协在京会员 246 名。整顿工作结束后，经各专业委员会推荐、审查作品、报协会理事会批准，发展了 47 名新会员。

5. 举行协会 10 周年庆祝大会

1988 年 9 月 23 日，北京科普作协举行成立 10 周年庆祝大会。全国政协副秘书长、中国科普作协副理事长叶至善，中国科普作协副理事长王麦林，中国科协普及部部长、中国科普作协秘书长章道义，北京市科协副主席邢天寿，北京市出版局局长张志等领导参加了会议。茅以升、谢冰心给协会发来了贺信和贺词，上海科普作协副秘书长李正兴专程出席了会议，江西省科普作协、河北省科普作协给协会发来了贺电。中国科普作协副理事长王麦林在讲话中指出：10 年来，北京科普作协的成绩有目共睹，在全国是名列前茅的，希望协会为科普创作做出更大的贡献。北京市科协副主席邢天寿在讲话中指出：科普作协成立 10 年来，创作出版了很多有影响力的好书，而且没有出过一本有问题的书，这很了不起。科普作协在北京市诸多学协会中是贡献突出的协会之一。上海科普作协副秘书长李正兴在发言中说：北京科普作协和上海科普作协两个兄弟单位过去在组织科普创作、开展活动、交流经验中互相学习，建立了友好的合作关系，希望今后继续携手前进。会上，理事长仇春霖回顾了协会成立 10 年来所取得的成绩，作了题为“深化改革，振兴科普创作事业”的重要讲话。

经协会理事会研究，表彰了一批 10 年来为繁荣首都科普创作做出贡献的会员、10 年来获得省以上科普创作奖的会员及各专业委员会评选出的优秀会员等，共 110 名，名单如下：

仇春霖	徐剑平	张　志	卞德培	王政仁	黄寿年	宋东生
冷兆和	郭正谊	崔　玲	王衍盈	韩作黎	缪印堂	林之光
谢　础	方丹群	郭　治	周舜武	刘　立	耿守忠	黎先耀
李宗浩	张开逊	张金哲	李茂和	林仁华	徐　洪	蔡幼伯
卞毓麟	甄塑南	张家谋	封根泉	王惠林	王在德	颜　超
范永仁	杨永源	赵　莹	金国钧	阮芳赋	李毓佩	蔡宇征
张国忠	高坦弟	沈成衡	申文江	宋守忠	郎景和	成松林
肖承邺	杨振声	张元东	徐一帆	夏桂云	宋朝枢	姚金生
卢一生	吴伯泽	王龙华	宋祖廉	乔　玲	吴浩源	朱毅麟
彭道安	乐俊淮	裘宗沪	许承康	郑慕琦	郭继武	骆勤方
阮忠家	项丽华	张奎吉	贾玉明	张博智	刘后一	诸葛群
王谷岩	王恒斌	王树山	郭以实	苏　刚	杨传箭	谭浩强
杨志松	杨华渝	武星户	李启斌	黄惟一	刘寿听	易正本
刘云超	姜成安	田凤岐	李家诚	朱如华	商佩云	曹桂荣
孟书清	陈　江	陈凌霞	司马小萌	潘云堂	王行国	崔金泰

三、第二届理事会期间的工作亮点

1. 组织编写《现代工程师手册》并举办培训班

20 世纪 80 年代，世界科学技术发展日新月异，我们引进并开发了大量的新成果、新技术、新材料，国外现代化的企业管理方式和理念也影响着我国企业的发展，广大工程技术人员现有的知识水平已经跟不上时代发展的迫切需求，需要不断更新。1984 年 8 月在北京市科协的指导下，经过认真调查研究，历时一年多的时间，以茅以升为主编组织编写了《现代工程师手册》一书。该书从我国的实际情况出发，比较系统地介绍了现代工程技术中的共用技术和通用知识，分为现代科技与工程师、工程设计、管理工程、技术经济、计算机技术、能源技术、科技情报、科技文件的写作 9 个章节，共 67 万字。协会聘请了北京大学、北京工业学院、北京航空学院、东北工学院、北京能源学会、北京环境学会和北京情报学会等单位的 64 名专家学者参加了编写工作，图书于 1986 年 3 月正式出版，很快就得到了教育部的重视，被确定为全国工程师继续教育的教材。

1986 年，以《现代工程师手册》为基础，北京市科协、北京市经委和中央广播电视大学联合举办了现代工程师进修班，为了满足刚刚恢复的工程师职称考核，北京市经委系统的科技人员参加了进修班，进修班请沈泰昌、徐寿波、金胜谟、许卓群、沈光范等专家作为教师，共录制电视教学课 360 学时。进修班前后在北京及全国共举办了三期，历时 3 年半，共招收学员 16 万人。由于进修班的成功，中央广播电视大学开办的继续教育课程迅速被推广，规模不断扩大，收到了良好的效果。

2. 组织创作《健康百话》电视节目

随着电视影响力的不断扩大，电视逐渐普及到了千家万户。为了利用电视更好地宣传普及医学健康知识，1985 年，北京科普作协和北京电视台、北京市卫生教育所、北京科技声像协会联合举办了《健康百话》电视节目。节目的剧本由科普作协组织会员创作，交由摄制单位制成录像片在北京电视台科教栏目中播出。节目以城镇家庭为主要对象，以生动活泼、富有吸引力的电视小品的形式，向广大公众宣传普及有关医学、保健等方面的科学知识。

至 1988 年，共制作播出电视片 100 集，每集 10 分钟，并重播多次，受到了广大公众的欢迎。此后，北京市的各大主要医院也纷纷购买了该节目的录像片，向前来就诊的患者及家属播放，取得了很好的社会效果。1987 年，《健康百话》获得了中央“爱卫会”、广播电影电视部、卫生部、中国科协颁发的“白鹤杯”特别奖。

3. 组织首届首都科学与文明知识竞赛活动

为配合首都经济建设的发展和政府宣传工作的重点，提高公众的科学文明素质，1987 年，北京科普作协与北京科技记者编辑协会联合举办了“首届首都科学与文明知识竞赛”活动。北京科普作协发动各个不同行业的会员编写竞赛试题和确定标准答案，内容包括医疗保健、健康健身、食品安全、生态环保等和公众生活息息相关的科学知识，共 80 道竞赛试题，在《光明日报》《中国青年报》《工人日报》《北京日报》《北京晚报》《北京科技报》等刊登，首都 25 家新闻单位发布了相关信息。至 6 月 29 日，共收到 8 万余名公众参与竞赛活动的答卷。阅卷结束后，从 546 名获奖者中选拔出 10 名成绩优异者进行了决赛。决赛打破了传统比赛的形式，聘请了两位知名演员作为主持人，带领参加决赛的选手和评委分别到北京植物园、中日友好医院、北京古观象台、大兴县留民营村、玉渊潭公园等室外现场，由各单位专业人员出题，参赛者现场竞答，评委当场评判。对比赛全程进行了录像，在北京电视台播出。这次活动影响较大，取得了良好的社会效益。

第三届理事会

（1991 年 2 月—2003 年 3 月）

一、北京科普作协第三次会员代表大会

1991 年 2 月 12 日，北京科普作协在北京召开了第三次代表大会。中国科普作协常务副理事长章道义、中国科普作协秘书长柴淑敏、北京市科协党组书记王兆熊等领导出席了会议。

章道义代表中国科普作协对北京科普作协第三次代表大会的召开表示了祝贺，并高度赞扬北京科普作协第二届理事会期间的工作，希望新一届理事会能够做出更大的成绩。王兆熊代表北京市科协作了重要讲话，他指出协会要坚持四项基本原则，面向现代化、面向世界、面向未来，努力发现、培养、发展科普创作队伍，为繁荣首都的科普创作事业做出贡献。

第二届理事会副理事长卞德培代表第二届理事会做了工作报告，希望新一届理事会在原有基础上，巩固成绩，发挥优势，为繁荣首都科普创作做出新贡献。

周舜武代表组织工作委员会做了修改会章的报告。参照中国科普作协新会章，根据当前形势和任务，协会会章主要进行了以下修改：进一步明确了协会的性质和宗旨；增加了协会的任务，即强调“保护会员从事科普创作活动的合法权益”；健全组织机构，加强常务理事会的职责等。

参照中国科普作协关于今后工作的安排，根据市科协党组的指示精神，汇集各位理事对今后工作的建议，常务副理事长兼秘书长黄寿

年提出了1991年工作的几点设想。

代表们就第二届理事会工作报告、会章修改报告及1991年工作设想进行了讨论。一些代表就协会是否更改名称问题提出了自己的看法。由于更名涉及问题较多，大会决定留待以后专题进行研究。通过讨论，全体代表一致通过了工作报告、新的会章以及1991年工作设想。

大会选举产生了第三届理事会，这届理事会选举是在组织工作委员会的主持下全体会员广泛提名，第二届理事会讨论通过候选人名单，由全体会员通信选举产生的，其中第二届理事会有24名理事连任第三届理事会理事，新当选的理事25名。

在第三届理事会第一次会议上，选举产生常务理事会和协会的理事长、副理事长、秘书长，聘任了副秘书长并进行了分工。新当选的理事长韩作黎同志做总结发言，他指出，我们面临着“两大挑战”，要坚持四项基本原则，坚持“二为”方向，贯彻“双百”方针，要努力为科普作者创造有利于创作的环境和条件；要积极为协会筹措活动经费。他希望，全体会员加强团结，为繁荣社会主义的科普创作努力奋斗。

第三届理事会成员

理事长

韩作黎（北京市教育局原局长、著名作家）

理事长韩作黎

副理事长

卞德培（常务副理事长，《天文爱好者》杂志原主编）
黄寿年（常务副理事长，北京市科协科普部部长）
张开逊（机械部自动化研究所高级工程师）
宋东生（环境科学出版社社长）
徐惠国（北京出版社副总编辑）
周舜武（商务印书馆地理室副主任，编审）

秘书长

黄寿年（兼）

副秘书长

冷兆和（民建中央经济咨询办公室处长）
刘　立（中国健康教育研究所办公室主任）
范永仁（北京市科协科普部工作人员）

常务理事（按姓氏笔画排序）

刘福源（北京科技出版社副总编辑）
李宗浩（北京市急救中心副主任）
杨　艺（北京人民广播电台经济台副台长）
杨永源（中国少年儿童出版社社长）
耿守忠（科学普及出版社副编审）
郭　治（中国科普研究所研究室副主任）
郭正谊（中国科普研究所副所长，研究员）
陶西平（北京市教育局局长）
阎金铎（北京师范大学教科所所长，教授）
谢　础（《航空知识》杂志社社长、主编）
蔡幼伯（中国人民大学教授）
缪印堂（中国科普研究所高级工艺美术师）

理事（按姓氏笔画排序）

王惠林　卞毓林　尹以琥
叶小沫　成松林　李利军
李茂和　李群益　李毓佩
杨传箭　杨名甲　佟屏亚
宋广礼　张　锋　张文杰
张金哲　张家谋　张笛梅
陈恂清　武星户　林之光
金　樱　金国钧　赵　萌
高坦弟　高树楷　彭道安
黎先耀

二、第三届理事会期间的主要工作

北京科普作协第三届理事会时间跨度比较大，长达 12 年。由于当时的历史背景因素和协会理事会自身的原因，一直没有改选。在这期间，1992 年邓小平同志“南巡”讲话重新燃起了改革开放的春风，市场经济的大潮风起云涌，一些年富力强的会员或是工作调动离开了创作出版的岗位，或是出国进修寻求新的发展，或是下海经商，与协会失去了联系。而早期入会的会员包括一些骨干力量年龄偏大，有些已经离退休，不再从事科普创作了。协会理事会也发生了很大的变化，协会的创始人、常务副理事长黄寿年同志1994年离休，专职副秘书长范永仁同志因工作调动离开了北京市科协，德高望重的理事长韩作黎同志和常务副理事长卞德培同志先后于1998年、2000年因病辞世。这使协会理事会很长一段时间没有主要领导和专职人员，协会工作一度处于停顿状态。尽管出现了种种不利协会发展的因素，协会在北京市科协的领导和支持下，在协会理事会成员的共同努力下，也做出了很多的成绩。

1. 针对市场需求，组织创作出版优秀科普图书

（1）针对小学生学习、成长的需求，1991年组织编写了《小学生手册》1—6年级共6册，由北京出版社出版。

（2）针对城市家庭生活的需求，1992年组织编写了《现代妇女实用家政手册》，50多人参加创作编写，系统介绍了现代城市生活的家政知识。

（3）完成《国土整治实例》丛书第三集的编写工作，该书1991年由海洋出版社出版，共80万字，86位作者参加编写，系统介绍了对自然资源、社会资源进行合理开发利用和保护的相关知识，内容丰富、实例生动，向公众广泛普及了国土整治的知识，使更多的人了解了国土工作的意义。

（4）针对城市老年健康的话题和公众的需求，组织编绘了《实现健康老龄化》挂图一套，1998年由科学普及出版社出版。

（5）在即将迈入新世纪之际，为了向广大青少年和公众普及新兴科学技术的发展成果，协会组织编写了《迈向21世纪科普丛书》第一辑7本，共70万字，1995年由广东教育出版社出版。这套丛书出版发行后影响较大，受到了广大青少年和公众的普遍好评，取得了很好的社会效果。

（6）受辽宁省少儿出版社委托，组织编写了《科学、技术、文明》丛书，这套丛书被辽宁省教委确定为全省小学生必读书。受环境科学出版社委托，协会组织编写了《儿童与环境》等科普图书。

2. 积极申请北京科普创作出版专项资金的支持，组织申报全国优秀科普作品奖

为了支持优秀科普图书和音像制品的创作出版，繁荣首都科普创作事业，吸引更多的科技人员参与到科普创作中来，1998 年，北京市在全国率先设立了“北京科普创作出版专项资金”资助项目。在每年的申报评审工作中，协会都派有丰富经验的科普作家参加评审，并号召广大会员积极申报专项资金的支持。此外，中国科普作家协会会同中宣部、中国科协、科技部、国家广电总局、新闻出版总署等多部门在 1994 年、2001 年、2003 年开展了三次全国优秀科普作品奖的申报评审工作。协会与北京市科协、北京市新闻出版局、北京市广播电视局共同组织评审申报工作，具体事项由协会承担，包括起草相关文件、组织初评、复评、申报等。

3. 组织了丰富多彩的会员学习交流活动

在本届理事会期间，由于前述原因，组织的会员交流活动有所减少，有些活动一度还处在停滞状态。但是，在北京市科协领导的支持以及协会理事和会员的共同努力下，协会仍然组织了不少会员的学习交流活动。例如，组织研讨会，研讨在改革开放中如何面对市场经济发展出现的机遇与挑战；组织报告会，请不同领域的科技专家讲述新的科技发展前沿，为科普创作打开新的思路；不定期组织科技电影观摩活动，包括科技前沿、微观世界、农业技术、生态环保等题材，使会员及时了解不同领域的科技动态；为会员在科普创作中提出好的选题、作品牵线搭桥，做好与出版社、杂志社、报社的沟通联系和推荐工作；在“国际减灾日”期间，协会在《北京日报》《北京晚报》《北京科技报》举办了以“普及减灾知识，增强防灾意识”为主题的专版；坚持组织笔会活动，虽然中途有所中断，协会仍坚持组织了十几次笔

会交流，平均下来每年组织笔会 1 ～ 2 次。以上组织的这些活动为会员在新的形势下开阔眼界、增长知识、丰富思路、寻找适合社会需求的科普创作方式和选题发挥了重要作用，同时，也在协会困难时期起到了凝聚会员的作用。

4. 认真做好协会的组织建设与发展工作

由于协会会员的变化，协会亟须对会员情况作较为深入的了解，及时掌握会员工作调动、离退休、出国等情况。在本届理事会期间，为了加强会员管理，提出建立会员档案卡片工作。协会向所有会员发出通知，要求重新填报相关个人信息资料。经过回收整理，为每位会员建立了档案卡片，共计建立了近 400 张会员档案卡片。

为了适应新形势发展的需要，增加协会活力，吸收新鲜血液，使协会会员结构更趋于合理，协会积极与各出版社、杂志社、报社等单位联系，要求他们推荐热爱科普创作的中青年人加入协会。本届理事会期间，共发展了近 100 名新会员，其中 45 岁以下在第一线从事生产、科研、教学的科技人员占 85%，这些会员入会后，积极参加协会组织的创作及其他活动，为协会增添了新生力量。

5. 召开协会成立 20 周年庆祝表彰会

1998 年 9 月 26 日，协会在北京市科协召开了成立 20 周年庆祝表彰会。北京市科协副主席辛俊兴参加了庆祝会，协会副理事长卞德培代表理事会作了发言，他在发言中回顾了协会成立 20 年来的历程，从坚持正确方向、搞好科普创作、开展联谊交流、活跃创作活动等方面，总结了 20 年来协会取得的成绩，并对社会经济发展变化等原因对科普创作产生的影响以及协会存在的问题作了论述，希望科普作协认真贯彻落实中央和国务院“关于加强科普工作的几点意见”，总结经验，加大改革力度，发展新会员，把协会的工作做好。

经协会第三届理事会研究，表彰了 20 年来为繁荣首都科普创作做出贡献的 53 名会员，名单如下：

张家志　郭以实　李寿彭　殷维翰　朱毅麟　任　刚　刘　金
王在德　张世涛　申文江　谭浩强　肖承邺　杨华渝　周国兴
陈达文　范正祥　徐一帆　黄惟一　焦国力　刘绍球　王树山
王行国　薛沁冰　杨　斧　许会林　余俊雄　贾蕴英　沈宁华
陆潄韵　郑延慧　乐俊淮　吴胜明　赵伯仁　缪印堂　欧阳宁生
张学铭　卞德培　张法瑞　时墨庄　吴兴宏　尤为华　李　英
张中豪　谢诒诚　朱如华　王申裕　赵一东　李启斌　阮忠家
吴樟桦　周新英　李太昌　尚佩云

三、第三届理事会期间的工作亮点

1. 组织编写《迈向 21 世纪科普丛书》

1995 年，为了迎接新世纪的到来，北京科普作协组织编写了以青少年为主要对象、富有时代精神的《迈向 21 世纪科普丛书》。这套丛书以“昨天、今天、明天”为主线展开，既注意回顾有关的科学史和认识过程，更着重于展示目前科学技术迅速发展的现状和未来的前景。丛书注重以科学和人类社会为结合点，在普及当代科学技术知识的同时，更着意宣传科学的思想、方法和精神。全国政协副主席、中国科协主席、中国科学院院士朱光亚，北京市科协名誉主席、中国科学院院士王大珩分别为丛书题词。

《迈向 21 世纪科普丛书》第一辑有 7 本，共 70 万字，分别为《天窗怎样打开——探索星空的奥秘》《管理地球的工具——地理信息系统漫谈》《犁沟在延伸——替代农业的发展》《人类繁衍史上的奇迹——试管生命揭秘》《玉宇澄清万里埃——大气环境的污染与治理》《揭开“斯芬克司”之谜——人的面面观》《电子传奇——微观粒子世界揭秘》。这 7 本书于 1997 年荣获第十届中国图书奖。1999 年，协会又组织编写了第二辑 5 本，共 50 万字，分别为《信息高速公路——现代化高速信息网》《打开人工智能大门的钥匙——趣谈模糊技术》《漫游地图宫——从古地图到电子地图》《现代顺风耳——电话的发展与未来》《神通广大的粒子——物质世界揭秘》。

2. 参与“北京科普创作出版专项资金”资助项目的评审工作

“北京科普创作出版专项资金”是北京市政府 1998 年在全国率先设立的，旨在繁荣科普创作、扶持优秀科普作品的创作出版。专项资金资助项目的申报评审由北京市科协科普部具体安排实施，协会积极参与了相关工作，从实施办法的制定到专项资金资助项目的征集评审工作，协会都选派资深的科普创作专家参加。与此同时，协会积极号召广大会员认真推荐优秀科普作品争取“北京科普创作出版专项资金”的支持。在本届理事会期间，得到“北京科普创作出版专项资金”资助的优秀科普图书有：北京少年儿童出版社出版的《漫话奥林匹克文明史探险》8 册、趣味图文科普读物《现代战争与兵器》，同心出版社出版的《90 年代中国科幻小说选》，解放军出版社出版的《神奇的太空向导——卫星导航定位系统》以及兵器工业出版社出版的《紧急救护》。

3. 开展减灾、防灾重点科普活动

1989 年 12 月，第 44 届“联大”通过了经社理事会关于国际减轻自然灾害十年的报告，决定 1990—1999 年开展国际减轻自然灾害十年活动，规定每年 10 月的第二个星期三为“国际减少自然灾害日”。每年以确立主题、目标和目的的方式开展活动。确立“国际减灾十年”和“国际减灾日”，其目的都是唤起国际社会对防灾减灾工作的重视，敦促各地区和各国政府把减轻自然灾害作为工作计划的一部分，推动各个国家和国际社会采取各种措施以减轻各种灾害的影响。为此，国家民政部成立了中国国际减灾 10 年委员会，每年 10 月开展减灾、防灾科普宣传活动。1991 年 10 月 9 日，确定活动的主题是“减灾、发展、环境——为了一个目标”。

为了配合民政部开展的“国际减灾日”宣传活动，发挥协会的资源优势，扩大协会的影响力，在活动期间，协会在《北京日报》《北京晚报》《北京科技报》举办了以“普及减灾知识　增强防灾意识”为主题的专版，组织会员撰写向广大群众普及有关自然灾害的科学知识的文章，如《减灾、发展、环境——访中国国际减灾 10 年委员会秘书长陈虹》《哪里来的地震预报有效》《北京的气象灾害》《羊年并非多灾》等。协会会员和有关方面的专家积极参与撰写文章，内容包括地震、气象、水灾、火灾、消防、环境保护、生态知识等。北京日报社、北京晚报社、北京科技报社领导给予了大力的支持，专版在显著版面刊登，收到了较好的社会效益，并得到了民政部领导的高度赞扬。

第四届理事会

（2003 年 3 月—2008 年 3 月）

一、北京科普作协第四次会员代表大会

北京科学技术普及创作协会第四次会员代表大会 2003 年 3 月 6 日在北京出版社出版集团多功能厅召开了换届大会，会员代表和来宾共 100 余人到会。

协会第三届副理事长兼秘书长黄寿年同志主持大会，副理事长周舜武同志代表第三届理事会回顾并总结了协会第三次代表大会以来的各项工作。会议选举著名发明家和科普作家张开逊教授为协会新一届理事会理事长。马真等 70 人当选为理事，周舜武等 3 人当选为监事；吴乃正、何泽慧、张金哲、龚育之、陈建功 5 位著名科学家、社会科学专家、作家、美术家被聘为协会顾问。

北京市科协副主席辛俊兴、中国科协普及部副部长高勘、中国科普作家协会秘书长张秀智、国家新闻出版总署期刊处处长李建臣以及著名科普作家金涛、李元、李竞等应邀出席本次大会，并向大会表示了热烈祝贺。

第四届理事会成员

理事长张开逊

顾　问

朱乃正（中央美术学院副院长）
何泽慧（中国科学院院士，物理学家）
张金哲（中国工程院院士，北京儿童医院名誉院长）
龚育之（中宣部副部长）
陈建功（中国作家协会书记处书记）

理事长

张开逊（北京市科协副主席，中国发明协会副理事长）

副理事长

马志明（中科院院士，中科院数学与系统科学研究院应用数学研究所所长）
洪昭光（卫生部心血管病专家咨询委员会副主任）
吴雨初（北京出版社出版集团管委会主任、社长）
吴国盛（北京大学哲学系副主任、教授）
徐九武（《科技日报》总编辑）

秘书长

赵　萌（北京出版集团策划总监）

副秘书长

夏桂云（北京市科协宣传部原副部长）
赵仲龙（中国健康教育协会副秘书长）
徐晓敏（《世界发明》杂志主编）
白　鹤（北京市科协科普部工作人员）
丁　颖（中国科学院科普办公室副主任）

常务理事（按姓氏笔画排序）

马　真（《少年科学画报》杂志主编）
王一方（华夏出版社副总编辑）
尹传红（《科技日报》社主任编辑）
刘　立（中国健康教育研究所）
刘　兵（清华大学人文学院教授）
李建臣（新闻出版总署报刊司处长）
杨虚杰（《科学时报》读书版主编）
张江民（北京市科协科普部部长）
郭　耕（《自然之友》理事，北京麋鹿生态中心副主任）

理事（按姓氏笔画排序）

毛红强　孔景宽　吕长宏　乔松楼　刘子君
李宗浩　李群益　吴　岩　宋振峰　初克堡
张田勘　张爱义　范春萍　林　涛　赵多佳
赵野木　耿守忠　柴雨亭　徐　泳　徐利明
徐惠国　郭　治　唐志辉　常汝先　阎　安
盖广生　梁从诫　谢　础　熊　伟

监事长

周舜武（九三学社北京市委原副主委）

监事

冷兆和（中国民主建国会中央委员会）
苏　刚（星球地图出版社原社长）

二、第四届理事会期间的主要工作

北京科普作协第四届理事会自 2003 年成立以来，在北京市科协领导及市科协科普部的大力支持关怀下，在全体理事的积极配合和在全体会员的努力下，认真贯彻落实《中华人民共和国科学技术普及法》和新颁布的《全民科学素质纲要》，遵照中共中央和北京市委对科普工作的指示，围绕弘扬科学精神、普及科学知识、宣传科学思想和传播科学方法这一精神，团结全体会员和广大科普工作者，积极开展了各项科普创作和群众性科普活动，为繁荣我市科普创作事业，落实科学发展观，提高全民科学素养作出了努力，并取得了一些成绩。本届理事会任期内主要完成了以下工作。

1. 协助政府有关部门完成了“北京科普创作出版专项资金资助项目”的评审、“优秀科普作品”和“科普先进集体及个人”的评选组织工作

《科普法》，我国 2002 年颁布了明确指出，“科普是公益事业”，“是国家的长期任务”，因此自《科普法》颁布以来，各级政府大大加强了对科普工作的关注度和投入力度，在这种形势下，协会积极协助政府有关部门完成了部分重要的科普管理工作。

（1）完成了 2003—2007 年“北京科普创作出版专项资金资助项目”的评审组织工作。北京科普创作出版专项资金自创立以来对从源头抓科普精品、繁荣首都的科普创作起到了很大的促进作用。受北京市科协科普部的委托，2003—2007 年期间协会承担了每年一次的“北京科普创作出版专项资金资助项目”评审的组织工作。协会在完成大量的组织筹备工作的同时，还组织专家对申请“北京科普创作出版专项资金资助项目”进行评审，通过书面审查、现场答辩等方式，来最终确定资助项目。5 年来共在 200 多个申请项目中确定了近百个项目给予了资助，从而使科普创作资金的使用更有针对性，因此也为一批优秀科普图书的涌现打下了基础。如得到“北京科普创作出版资金”

资助的《潘家铮院士科幻作品集》2007 年获得了国家图书奖,《现代战争与兵器》2004 年获得了中国图书奖等。

（2）完成了第一、第二、第三届北京市优秀科普作品奖评选的组织工作。自 2003 年以来，中共北京市委宣传部、北京市科学技术协会、北京市新闻出版局、北京市科学技术委员会、北京市广播电视局联合每两年一届进行“北京市优秀科普作品奖”评选，以树立优秀科普作品评价标准，促进科普创作出版水平的提高。协会承办了第一、第二、第三届优秀科普作品评选活动的组织工作。3 届评奖活动共评出最佳科普图书 15 部、优秀科普图书 26 部；最佳科普文章 12 篇、优秀科普文章 34 篇；最佳科普广播电视作品 10 部、优秀科普广播电视作品 24 部。这对于激励广大科普创作出版工作者和有关宣传机构的积极性，对发现科普创作人才、推介优秀科普读物、提高科普创作水平、繁荣科学文化事业发挥了积极促进作用。在这个评选过程中，协会做了大量细致的组织工作，保障了评奖工作的顺利进行。

（3）完成了“北京市科普工作先进集体”、“北京市科普工作先进个人”表彰评选的组织工作。由北京市科委、北京市科协、北京市人事局主办的“北京市科普工作先进集体”“北京市科普工作先进个人”表彰评选工作，每两年举行一次。2004 年协会受评选领导小组的委托，承担了这项全市性的评选组织工作。在时间紧、任务重、工作量大的情况下，协会克服了许多困难，高质量地完成了组织筹备工作，当年共评出 50 个先进集体，110 名先进个人。同时，还完成了组织科普先进工作者前往西部参观考察的任务。

2. 组织策划、创作、出版了多种科普图书，为繁荣首都的科普事业做出了努力

本届理事会特别注意充分发挥协会科普创作资源丰富的优势，结合形势和政府的工作任务，组织策划、创作、出版了多种重点科普图书。如在“非典”时期，协会组织专家完成了《农村预防非典 66 问》

创作任务；为迎接2008年奥运会的到来，协会组织专家和有关人员编写出版了《五环旗下的科技奥秘》《与奥运同行——全民健身科普知识手册》；为宣传科学精神，协会策划出版了《苦恋今生——科苑情》优秀诗集等。在由协会策划并出版的科普图书中，《五环旗下的科技奥秘》《与奥运同行——全民健身科普知识手册》分别荣获了第二届和第三届“北京市优秀科普作品奖”最佳奖。

除此以外，在本届理事会期间，协会部分会员在得到北京科普创作出版专项资金的资助后，也创作编写了不少好的科普作品。如郭耕创作的《鸟兽物语》获得“中国优秀科普作品奖”图书类二等奖，徐晓敏创作的《你也能当发明家》及明发源、蔡涤华创作的《生存训练》丛书获得了“中国优秀科普作品奖”图书类三等奖等。这些成绩充分显示了协会的创作实力，这些优秀科普作品的出版也丰富了首都的科普图书市场。

3. 举办了多种形式的学术活动，促进了科普创作信息的交流

北京不仅是全国的科技中心，而且是全国科学传播研究交流的中心。本届理事会充分发挥首都的地域优势和人才优势，组织开展了多种形式的学术交流活动，力求推进先进理念，力求有所创新。

（1）举办科普论坛，活跃创作思想。为交流信息，活跃科普创作思路，协会举办了多种形式的学术交流活动。如分别以“科学家的博物情怀”“科学家与科学传播——费曼科学思想研讨”“保护孩子的科学兴趣和求知欲——少儿科普研讨会”“科幻百年回顾与新趋势”等为主题，举办了北京科普创作论坛活动，特别是理事长张开逊教授亲自主抓的与北京市科协共同举办的“老科学家科普”“心理学与科普”两个研讨会更是受到好评。以科普论坛和专题研讨会形式开展的学术交流活动，大大开阔了会员的眼界，也活跃了大家的创作思路。这些学术活动还引起了媒体的高度关注，《大众科技报》《科学时报》等都对此作了详细报道。

（2）举办作品首发式，探讨科普创作和发行的新途径。在不断加

强科普图书创作出版策划的同时，协会还积极关注把优秀科普作品推向市场的好方法，好做法。为此协会与有关单位一起尝试了用首发式的方法推介科普作品。如在2005年中法建交40周年时，协会在“科技周”期间积极参与由北京市科学技术协会、北京市新闻出版局、北京出版集团联合主办，中国对外友好协会参加的法国引进版科普图书《巨眼》丛书的首发式暨中法科普交流会。会上，法国出版商、法国科普作者、法国大使馆文化官员、国内知名科普专家以法国的经典科普丛书《巨眼》为平台，进行了热烈研讨。会后法国作者、中文译者在王府井书店现场签名售书。这一系列的活动使优秀科普图书《巨眼》很快引起了媒体和读者的关注，在最短的时间到达读者手中，大大发挥了科普读物的社会作用。

（3）举办了“文化创意与科普创新沙龙”，探讨新形势下科普创作的新途径。2007年，协会创意并邀请北京科技记者编辑协会、科技声像工作者协会、幼儿科普协会共同参与组织了“文化创意与科普创新沙龙”，会议邀请了政府机构的有关领导、著名科普作家、从事科技传播研究的专家、知名记者、电视台栏目负责人等，共同探讨了新形势下科普工作的特点，使大家深受启发。

4. 完成了科普资源调查和科普人才培训两个调研课题

科学技术普及是社会主义物质文明和精神文明建设的重要内容，在实施科教兴国和可持续发展战略中起着重要作用，科普事业的发展离不开科普资源和科普人才。为此，协会创意并承担完成了两项关于科普资源和科普人才培训方面的调研课题。

（1）由协会创意、协会与北京智密研究所共同完成了北京地区科普资源调研，撰写了《北京地区科普资源调研报告》。科普资源是开展科普工作的基础和条件，它们的种类、数量、质量等直接影响着一个地区的科普能力。因此只有对科普资源情况进行调查研究，摸清本地区科普资源的数量、质量、分布以及利用状况，才可能做到进一步开发利用与合理配置。2004年协会提出并合作完成的北京地区科普资源调研，对北京地区科普活动的深入持续开展，对进一步提高北京地区公民的科学素养，具有很大的现实意义。

（2）与科普部合作完成北京科普专业人才培训调研课题。为提高北京科普工作的总体水平，加强对科普专业人才的培训，2005年，协会承担了北京市科协科普部提出的北京科普专业人才培训调研课题，完成了不同科普专业人才抽样调查数据统计分析及调查报告。在报告中，对科普人才的培训目标、培训方法等提出了切合实际、便于操作的建议。此项课题对于科普专业人才培训计划的制定和实施有很好的参考意义。

5. 积极参加北京科技周等活动，努力向公众进行科普宣传

“科技周”是北京市政府主办的大型群众性科普活动，每年5月举行。本届理事会期间，协会积极参加“科技周”的活动，通过这个平台向公众进行科普宣传。

（1）积极参与北京科技周“高科技与现代兵器科普”展览的策划活动。2005年协会积极配合科技周组委会，聘请专家将得到北京科普创作出版专项资金资助并获得中国图书奖的《现代战争与兵器》丛书开发为“高科技与现代兵器”展览。经过共同的努力，这一展览在时间短、要求高的情况下成功举办，获得观众的一致好评。

（2）邀请专家为青少年做科普报告，受到孩子们的欢迎。2006年科技周期间，协会邀请参加过南、北两极科学考察的著名专家位梦华教授为广渠门中学200多名青少年做了精彩的《南北两极与人类未来》的科普报告。在报告中，专家用精美的图片、幽默风趣的语言深入浅出地为孩子们讲解了极地的独特地理特征、丰富的资源等科学知识，并通过亲身经历告诉青少年只有具备不畏艰险、勇于攀登的精神，才能承担起科学探索的重要任务。

科技周期间协会还组织会员参加了科普游园会。在游园会上，协会展示了30多种科普图书，吸引了大量的群众。

6. 加强协会管理，使协会更加民主和更有凝聚力

第四届理事会期间，逐步完善了协会的管理。本着民主办会的宗旨，做到每年召开一次全体理事会或常务理事会，总结当年的工作和研究下一年度的工作安排。协会秘书处还根据工作的需要，经常研究交流工作进展情况等，管理工作的加强使协会的各项工作任务能有序和较高质量地得以完成，并年年顺利通过社团管理部门的年检。

第四届理事会期间，协会积极发展新会员，壮大协会的力量，并积极组织会员活动以加强与广大会员的联系。如举办新春联谊会；组织会员参观新建的天文馆、首都博物馆、北京自然博物馆、警察博物馆、麋鹿苑博物馆、亦庄经济开发区等；组织会员听讲座，参加学术交流会，为会员开阔眼界和加强相互间的联系与交流，搭建了广阔的平台，同时也加强了协会的凝聚力。

三、第四届理事会期间的工作亮点

1. 举办系列学术研讨会，扩大视野，更新理念

协会于 2003 年换届后，第四届理事会在人员构成上有了明显的变化，人员更年轻，精力更充沛，在协会的发展、工作重点等方面更有新的想法和做法。其中为了广大会员在科学传播方面能更新理念、广开思路，协会组织的一系列研讨会、座谈会成为第四届理事会期间工作的亮点之一。如针对传播理念方面的“科学家的博物情怀”“科学家与科学传播——费曼科学思想研讨”；针对青少年科普方面的“保护孩子的科学兴趣和求知欲”；针对科普的不同形式的“科幻百年回顾与新趋势”“达·芬奇科学与艺术思想研讨”等，在协会搭建的这个交流切磋研讨的平台上，广大会员可以从各种交流研讨中获得更多的信息，受到更大的启发，既丰富了知识，又加强了联系和合作。

2. 完成科普资源调研课题，盘点队伍，盘点资源

盘点科普资源，做好科普人才的培训是第四届理事会工作期间完

成的一项基础性工作。

2004年，协会与北京智密研究所合作完成“北京地区科普资源的调研报告”，把科普资源的盘点目标扩大到整个北京地区，而非北京市属资源，为统筹利用更大更多更好的科普资源梳理了脉络，也为科普工作的创新和可持续发展完成了基础性的保障工作。

2005年，协会再次完成“北京科普专业人才培训”调研课题。协会根据课题要求设计了调研提纲，在基层做了大量的抽样调查，并组织专家对各项数据进行了分析。得出的结论为此后科普人才培训计划的制订发挥了基础性作用。这两项基础性资源调查工作的完成对此后协会工作的开展、创新都有着不可或缺的意义。

3. 配合政府重大任务，创作出版科普图书

本届理事会工作期间，遇到2003年“非典”和2008年筹备北京“奥运会”两大特殊时期。“非典”期间，面对突然发生的疫情，最初缺少积极应对的经验和措施，市民情绪恐慌，正常的社会生活被扰乱，在这种情况下，协会马上行动起来，在医学专家的指导下，以临战的姿态投入到策划和创作科普读物的过程中，积极向广大市民宣传如何科学认识疫情，认真做好防御，阻止疫情的扩大。协会组织创作的《农村预防非典66问》被发放到基层，起到了很好普及科学知识、稳定群众情绪、维护社会稳定的作用。随后申办“2008奥运会”的成功，在普及奥运精神和发动群众参与体育运动、强身健体等方面也配合当时的形势完成多部科普图书的创作，如《五环旗下的科技奥秘》《与奥运同行——全民健身科普知识手册》等，协会的工作也因此更彰显了时代精神和旺盛的活力。

第五届理事会

（2008年3月—2012年5月）

一、北京科普作协第五次会员代表大会

北京科普作协第五次会员代表大会于2008年3月27日上午在北京科技活动中心举行，会员代表60余人到会。会议由副理事长吴雨初主持，张开逊理事长做了第四届理事会工作报告和财务报告，赵萌秘书长做了修改章程的报告和协会会费收取办法，周舜武监事长做了第四届监事会工作报告。代表一致通过了上述报告，并选举了新一届理事会理事63名和监事3名，完成了换届任务。中国科普作协副理事长、秘书长居云峰及北京市科协副主席周立军到会祝贺。

第五届理事会成员

理事长

张开逊（中国科协常委、中国发明协会副理事长）

副理事长

王渝生（北京市科协副主席，中国科技馆原馆长）

朱　进（北京天文馆馆长）

吴雨初（北京出版集团董事长）

金　涛（科学普及出版社原社长、总编辑）

理事长张开逊

秘书长

赵　萌（北京出版集团策划总监）

副秘书长

刘丁丁（北京市科协调宣部原部长）
蔡涤华（北京市气象局高级工程师）
杨　师（北京协和医院科研处原处长）

常务理事（按姓氏笔画排序）

丁　颖（中国科学院科普办公室副主任）
朱广菁（《大众科技报》社新闻中心高级记者）
刘　兵（清华大学人文学院教授）
刘丁丁（北京市科协调宣部原部长）
刘民朝（中央电视台科教节目中心制片人）
刘华杰（北京大学哲学系教授）
李建臣（《新闻出版报》社社长）
李清霞（北京出版集团副总编辑）
杨绥华（海洋出版社总编辑）
吴　岩（北京师范大学教育管理学院副教授）
何　丹（北京市全民科学素质纲要工作领导办公室副主任）
张文天（《科技日报》社新闻中心高级记者）
张玉山（北京市科协科普部副部长）
张江民（北京市科协科普部原部长）
武夷山（中国科技信息情报所总工程师研究员）
罗娅萍（北京自然博物馆）
郭　耕（北京麋鹿生态中心副主任）

理事（按姓氏笔画排序）

于　康　王　原　王小云
王洪涛　毛红强　孔景宽
田利平　刘玄重　刘金霞
杨　师　杨东平　肖庆彬
宋　晖　初迎霞　张田勘
张爱义　陈　鹏　陈永康
陈晓海　范春萍　林　涛
周建昌　庞　旸　庞之浩
赵仲龙　胡升华　哈　骏
洪　峰　姚　伟　柴俪杰
徐　凡　徐利明　徐晓敏
郭　晶　唐志辉　常汝先
麻晓东　焦国力　蔡皓东
魏兰新

监事长

石　磊（中国宇航出版社副社长）

监事

杨虚杰（《科学时报》社高级记者）
马　真（《少年科学画报》杂志主编）

二、第五届理事会期间的主要工作

第五届理事会任期内，在北京市科协领导及北京市科协科普部的大力支持关怀下，在全体理事的积极配合和在全体会员的努力下，认真贯彻落实《中华人民共和国科学技术普及法》和《全民科学素质纲要》，遵照中共中央和北京市委对科普工作的指示，围绕弘扬科学精神、普及科学知识、宣传科学思想和传播科学方法的精神，团结全体会员和广大科普工作者，积极开展了各项科普创作和群众性科普活动，为繁荣我市科普创作事业，落实科学发展观，提高全民科学素养作出了努力，并取得了一定的成绩。

1. 发挥协会优势，协助北京市科协科普部完成部分科普工作的管理

《科普法》明确指出“科普是公益事业”“是国家的长期任务”。因此自《科普法》颁布以来，各级政府大大加强了对科普工作的关注度和投入力度，在这种形势下，协会积极发挥自身优势，协助北京市科协完成了部分科普工作的管理。

（1）完成了2008—2011年北京科普创作出版专项资金资助项目的评审组织工作。“北京科普创作出版专项资金”自创立以来对从源头抓科普精品、繁荣首都的科普创作起到了很大的促进作用。受市科协科普部的委托，2008—2011年期间协会承担了每年一次的“北京科普创作出版专项资金资助项目”评审的部分组织工作。协会在完成大量的保障工作的同时，还组织专家对申请的选题进行评审，在初审、初评、答辩、重点辅导、终评、再辅导等环节，发挥专家的作用，四年来共从300多个申请项目中筛选甄别出近百项比较优秀选题，为优秀科普图书的创作出版打下了基础。

（2）完成了第四、第五届“北京市优秀科普作品奖评选”的组织工作。自2003年以来，中共北京市委宣传部、北京市科学技术协会、北京市新闻出版局、北京市科学技术委员会、北京市广播电视局联合每两年一届进行“北京市优秀科普作品奖评选”，以树立优秀科普作品评价标准，促进科普创作出版水平的提高。本届理事会承办了第四、第五两届评选活动的组织工作。两届评奖活动共有38部科普图书、27篇科普文章、18部科普广播电视作品、59篇科技新闻获奖。这对于激励广大科普创作出版工作者和有关宣传机构的积极性，对发现科普创

作人才、推介优秀科普读物、提高科普创作水平、繁荣科学文化事业发挥了积极促进作用。在评选过程中，协会做了大量细致的组织工作，保障了评奖工作的顺利进行。

（3）完成了“向新中国成立六十年献礼——优秀科普图书下基层”活动的筹备与实施。受科普部的委托，在新中国成立六十周年之际，协会组织专家对“北京科普创作出版专项资金”资助出版的图书进行优选，并制作成大礼包的形式发放到基层，受到欢迎。同时还将该项目实施十余年来的工作情况进行了梳理并制成宣传页，为今后的宣传推广打下了基础。

2. 组织策划、创作、出版了多种科普图书，为繁荣首都的科普图书市场做出了努力

本届理事会特别注意充分发挥协会科普创作资源丰富的优势，结合形势和政府的工作任务，组织策划、创作、出版了多种重点科普图书。

（1）受北京市全民科学素质工作领导小组的委托，协会组织专家完成了《农民工科学素质读本》（3 册）的创作出版任务。这是一套推进北京城市和谐发展、关注弱势群体的读物。随着经济的发展和城市化进程，大量的农民工离开农村进入城镇打工。为使这一群体能尽快具备在城市生活的基本技能和打工必备的科学知识，并使他们尽快融入首都的生活，该书具有重要的作用。该书出版后受到读者和专家的一致好评。并获得第五届“北京市优秀科普作品奖”图书类最佳奖。

（2）在大力提倡节能减排、保护环境的形势下，协会受语文报社的邀请，派专家参与策划并编写出版了提倡绿色生活、低碳生活的《低碳生活读本》。

（3）策划出版了“北京博物馆系列丛书”（六册）。

（4）协助北京市科协科普部撰写《社区科普工作手册》。为了更好地开展社区科普，北京市科协科普部拟撰写一本社区科普工作手册，协会派专家积极参与此书的功能策划、大纲编写等任务。

在本届理事会期间，协会部分会员在得到“北京科普创作出版专

项资金”的资助后，也创作编写了不少好的科普作品。其中得到专项资金资助、由理事长张开逊先生撰写的《回望人类发明之路》获得了2011年“国家科技进步奖”二等奖。

这些成果与成绩充分显示了我们协会的创作实力，这些优秀科普作品的出版也丰富了首都的科普图书市场。

3. 举办了多种形式的学术活动，促进了科普创作信息的交流

为交流信息，活跃科普创作思路，本届理事会充分发挥首都的地域优势和人才优势，组织开展了多种形式的学术交流活动，力求普及先进理念，使科普创作出版工作能有所创新。

（1）举办不同主题的学术交流会。本届理事会期间先后举办了“北京科普作协成立30年纪念活动暨学术报告会”、“科普创作面面观”（沙龙活动）、“优秀科普作品赏析会”、“优秀科普创作经验交流会”等学术活动，多名科学家、科普专家、科普作家、科技记者、科技编辑、教育工作者等参加了研讨活动。在学术活动中，许多学术报告和经验介绍都受到广大会员的欢迎，如中国科普作协副理事长金涛先生就优秀科普作品应具有的特点、特征所做的专题报告；获得国家科技进步奖的优秀图书《潘家铮院士科幻作品集》的策划编辑、中国少年儿童新闻出版总社编辑部主任王洪涛的“鱼与熊掌能否兼得”的发言；优秀科普杂志《父母必读》的主编徐凡的“科学对待养育，积极面对未来”的发言;《国际太空》杂志主编庞之浩的“美丽的天宫我的家——中国载人航天的现状与未来”的报告，都使与会的会员受到很大启发，特别是对年轻编辑提高专业水平有很大的帮助。

（2）联合举办专题学术报告会。为提高科普创作水平和开拓创作思路，更好地借鉴声像科普作品的传播优势，协会与北京科技声像工作者协会联合邀请中国国际科教影视展评活动总策划、中国科教影视协会副秘书长陈虎先生做“科学节目的创作与市场”的专题报告，与北京科技记者编辑协会联合先后举办了“甲型H1N1流感的背景、现状、趋势和影响”“世界科学教育的新理念、新趋势”报告会，这种跨领

域、跨专业的活动，大大开阔了会员的眼界，活跃了大家的创作思路。

4. 积极开展科普活动，努力向公众普及科学知识

为了促进全民科学素质水平的提高，并扩大协会影响，在本届理事会期间，努力通过多种形式开展对公众的科普宣传。

（1）组织专家为公众做科普讲座。中国科技馆原馆长、北京科普作协副理事长王渝生先生在中国科技馆报告厅向公众做的题为“科学的昨天、今天和明天”的科普讲座，受到市民和会员的欢迎。这是协会首次派专家为社会公众做科普宣传，是一次有益的尝试，也积累了经验。

（2）积极参加了“北京市第八届图书节”公益科普宣传活动。借助图书节的平台，协会发动会员单位积极参加现场活动。在“科普游园主题日”活动期间，举办了优秀科普图书展览展示、专家咨询、可动手参与的科普小实验等丰富的活动，受到游人的欢迎和好评。

（3）积极参加“北京科技周”和“科普日”宣传活动的策划与组织。“科技周”和“科普日”都是北京市人民政府主办的大型科普宣传活动。受主办单位的邀请，协会派专家积极参加展览的策划与撰稿，如完成 2010 年“低碳生活　节能减排”、2011 年“珍爱北京之水”展览的脚本编写。该展览成功举行，并在黑龙江、浙江等省市进行了巡展。协会还与“科技周”知识竞赛的主办单位北京科技记者编辑协会合作，完成竞赛选题的策划筛选与定稿。这些活动在向公众普及全球气候变暖的严峻事实、宣传我国政府节能减排的政策和具体行动、倡导低碳生活、珍爱水资源方面，发挥了作用。

2010 年，协助会员单位中国科学院动物研究所在科技周期间举办了“虎年话虎”科普展览，普及了濒危动物保护等相关方面的知识。

5. 发扬民主作风，加强组织建设，努力把协会建设成会员的和谐之家

本届理事会期间，始终贯彻民主办会，建设和谐之家的原则和精神。

（1）坚持重大事件集体讨论，每年召开理事会的制度。民主办会是协会正常健康发展的重要基础，因此本届理事会期间坚持重大事件决策集体讨论的工作方法，在发展新会员、增补理事、常务理事、制

订年度工作计划和进行工作总结、推荐北京市科协八大委员候选人、中国科普作协理事候选人以及换届新的理事候选人的推荐等工作中都通过理事会、理事扩大会的形式，广泛听取理事或会员代表的意见，充分体现民主的作风。

（2）积极联系、团结广大会员。本届理事会期间，积极组织会员活动，以加强与广大会员的联系。如举办讲座、参观古脊椎动物馆、召开学术交流会等，为会员开阔眼界和加强相互间的联系与交流，搭建了广阔的平台，加强了协会的凝聚力。同时协会对科普工作和协会工作做出突出贡献的会员进行了授予荣誉称号的表彰。在协会成立 30 周年纪念活动时，为黄寿年和仇春霖同志颁发了荣誉理事长证书，为苏刚等理事颁发了荣誉理事证书。2011 年，为表彰著名天文学家李元教授在科普事业上的成就，协会为李元教授颁发奖杯和证书。

（3）按时完成社团评估与年检。2011 年按照北京市民政局的要求，市社团办对市属社团进行综合评估。评估小组对协会的组织管理、活动业绩等给予了积极评价，也对协会的管理及发展提出了意见和建议。经过综合评定，协会获得 4A 级（最高 5A）。本届理事会期间，协会都按时进行并通过了年检。

三、第五届理事会期间的工作亮点

1. 组织创作出版科普图书

本届理事会期间，协会充分发挥自身科普人才资源的优势，积极策划创作出版了一批形势需要、政府需要的科普图书。例如《农民工科学读本》的创作出版就是集中协会中善于撰写科普读物的减灾、医学等方面专家和出版方面的专家联合进行集体策划与创作。而《低碳读本》（小学版、中学版）则是协会中熟悉中小学教育的专家和气象、环境等方面的专家联合打造完成的。这种创作模式大大提高了科普读物的质量和创作出版的速度，也更加有效地配合了社会形势的需要。

2. 参加地坛北京图书节

地坛“北京图书节”是深受北京广大市民欢迎的一项品牌性活动。2008年10月，协会加入图书节主题活动行列，策划并组织会员单位举办了系列活动。

（1）优秀科普图书展示。用实物图书和展板共同展示近年来北京科普作协创作的各类图书和获奖图书，烘托科普创作繁荣的氛围。

（2）组织会员单位的医学、营养、健身等方面的专家结合科普图书进行现场咨询。

（3）组织会员单位中国少年儿童新闻出版总社、中国宇航出版社、《少年科学画报》等单位举办少儿科普互动及赠书活动。

（4）组织会员单位《父母必读》杂志社，邀请北京幼儿科普协会专家举行科学喂养、幼儿安全等咨询与互动活动。

（5）科普图书销售等。

3. 社团评估获得 AAAA 级

为深入贯彻落实党的十七大关于“引导各类社会组织加强自身建设，提高自律性和诚信度”和民政部《关于推进民间组织评估工作的指导意见》的精神，加强社会组织能力建设，提高公信力和透明度，建立社会组织信用体系，促进社会组织健康有序发展，按照民政部《社会组织评估管理办法》（民政部令［2010］第39号）《北京市社会组织评估实施办法》有关规定，2011年北京市民政局开展了社会组织评估工作。

为迎接这次评估，协会做了认真的准备，回忆梳理了协会成立以来的主要工作和获得的主要成绩，汇总了协会的各项管理制度等，对协会成立30多年来的基本情况进行了总结和初步评价，并对协会的创新精神、持续发展的能力进行了分析，对存在的问题、继续努力的方向等也做了认真研究，基本做到了解历史情况，找准了未来发展的方向。2011年11月9日，评估小组对协会进行了评估，听取了秘书长赵萌的汇报，朱进副理事长到会对评审组提出的问题进行了说明。最终经过综合评定，协会获得了4A级的好评。

第六届理事会

（2012 年 5 月—）

一、北京科普作协第六次会员代表大会

北京科普作协第六次会员代表大会于 2012 年 5 月 6 日上午在金龙建国温泉酒店召开，会员代表 70 余人参加了大会。大会由第五届理事会副理事长朱进主持。大会听取了张开逊理事长关于第五届理事会的工作报告；听取了石磊监事长委托的万琳琛监事所作的第五届监事会工作报告、协会八项管理制度及协会会费收取标准及管理办法；听取了刘丁丁副秘书长关于章程修改的说明；听取了赵萌秘书长关于第五届理事会财务工作的报告，并进行了审议和表决，与会代表一致通过。

会议通过等额无记名投票的方式选出了丁颖、钟制宪、周立军等 52 名理事和王原等 3 名监事。随后举行了北京科普作协第六届理事会第一次会议，39 名理事到会。大会由第五届理事会副理事长朱进主持。会议通过等额无记名投票的方式选出了丁颖、钟制宪、周立军等 17 名常务理事并确定周立军同志为理事长，何丹等 6 名同志为副理事长，吴海云同志任秘书长。

新当选的理事长周立军代表理事会聘请北京科普作协第五届理事会理事长张开逊先生为名誉理事长；聘请协会原副理事长金涛先生、王渝生先生，中国科普作协副理事长王直华先生、陈芳烈先生，著名天文学家李元先生，著名医学家郎景和先生为协会顾问。同时，正式委托副理事长何丹担任北京科普作协法人。

第六届理事会成员

理事长周立军

名誉理事长

张开逊（北京科普作协第四届、第五届理事长）

顾　问

金　涛（北京科普作协第五届副理事长，科学普及出版社原社长、总编辑）
王渝生（北京科普作协第五届副理事长，中国科技馆原馆长）
王直华（中国科普作家协会第五届副理事长,《科技日报》原副总编辑）
陈芳烈（中国科普作家协会第五届副理事长，邮电出版社原总编辑）
李　元（北京天文台教授）
郎景和（中国工程院院士，北京协和医院原副院长）

理事长

周立军（北京市科协副主席）

副理事长

钟制宪（北京出版集团董事长）
吴海云（301医院老年心血管内科主任医师、《老年心脏病》杂志（英文版）执行主编）
朱　进（北京天文馆馆长、研究员）
赵致真（中国科技新闻协会副理事长）
何　丹（北京科普发展中心主任、高级工程师）
庞之浩（《国际太空》执行主编）

秘书长

吴海云（兼）

副秘书长

张式贤（北京市科协科普部原副部长）
刘丁丁（北京市科协调宣部原部长）
蔡涤华（北京市气象局高级工程师）
杨　师（北京协和医院科研处原处长）

常务理事（按姓氏笔画排序）

丁　颖（中国科学院院士工作局高级业务主管）
王一方（北京大学医学部健康传播中心主任、教授）
朱广菁（《科学时报》主任记者）
刘　兵（清华大学科学技术与社会研究所副主任、教授）
闫仁浩（北京市科协科普部部长）
李建臣（《中国保险报》社社长）
赵　萌（北京出版集团策划总监）
郭　耕（北京麋鹿生态实验中心副主任、高级经济师）
漆峻泓（北京磨铁图书有限公司董事长）
翟晓梅（北京协和医学院生命伦理学中心主任、教授）

理事（按姓氏笔画排序）

于　康　王洪涛　毛红强　石　磊　朱大平　刘　迁　刘丁丁
刘玄重　刘金霞　孙　苑　苏　婧　杨　师　杨东平　杨虚杰
肖庆彬　肖培新　吴　岩　张　金　张式贤　张江民　陈永康
邵权熙　范志红　范春萍　胡升华　哈　骏　俞　敏　洪　峰
姚　伟　柴丽杰　徐　凡　郭　晶　常汝先　温学诗　蔡皓东

监事长

王　原（中国古动物馆馆长、研究员）

监事

万琳琛（《少年科学画报》杂志主编）
焦健姿（人民军医出版社编辑室主任）

二、第六届理事会期间的主要工作

北京科普作协第六届理事会自 2012 年 5 月至 2014 年底，在北京市科协的支持下，紧紧围绕贯彻落实《全民科学素质纲要》，结合新时期科普创作的特点和要求，积极壮大队伍，认真组织活动，承担社会职能，不断研究探索，努力开拓创新，加强自身建设等，特别加强了与中国科普作家协会的联系，联合中国科普作家协会共同开展活动，主要做了以下几方面的工作：

1. 壮大会员队伍

近三年来，协会积极与中国科普作家协会在京会员联系，鼓励支持中国科普作家协会会员加入北京科普作协，同时，利用协会组织的征文、北京科普创作专项资金评审、北京市优秀科普作品的评审等重大科普活动，积极与活动获奖者联系，鼓励他们加入北京科普作协。至 2014 年底，共发展新会员 133 人。

2. 组织各项活动

2012 年和 2013 年，分别组织会员积极参加“科学嘉年华”活动和“科技周”活动，提高协会的影响力和对会员的凝聚力。2013 年参与的“嘉年华”活动与中国科普作家协会、科学普及出版社共同举办，创新活动的形式，取得了很好的效果。2013 年、2014 年与中国科普作家协会联合举办了两届“北京优秀科普作品征文活动”，深入十余所高校、科研院所开展培训，广泛向社会征集科普作品，吸引了不少中青年科普创作人才的参与，征文活动打破了传统的模式，做到了与互联网的紧密结合，得到了很多新媒体的参与与支持。协会还积极组织会员活动，到中科院国家动物馆、中科院动物所、地理所、微生物所等参观考察，组织会员参观考察了第九届中国（北京）国际园林博览会和海淀区的翠湖湿地。

3. 承担多项社会工作

2012 年至 2014 年，协会继续承担“北京科普创作出版专项资金”的评审工作，还组织了对资金管理办法的修订工作，使之更加完善。2013 年，承担了北京市科协重大重点调研课题《北京地区科普创作队伍现状调查及发展研究》，圆满完成了课题研究任务。2014 年承担了第六届“北京优秀科普作品评奖”工作，共评出 8 种科普图书、6 篇报刊科普文章、4 部广播电视科普节目和 10 篇科技新闻获得最佳奖，13 种科普图书、12 篇报刊科普文章、6 部广播电视科普节目和 20 篇科技新闻获得优秀奖。2014 年，为了满足北京市中小学课外教育的需求，北京市教委、北京市科协联合组织了“科学家进校园”活动，协会积极响应，向各会员单位发出通知，并与中国科普作家协会共同组织科普演讲团，一年来共开展进校园科普演讲 200 余场。

4. 开展科普创作交流研讨和培训

2012 年至 2014 年，为了开发科普创作选题，提高科普创作水平，培养科普创作人才，协会先后组织了“关于科普创作中的思考”“科普创作出版重点选题策划”“优秀科普作品点评与赏析讲座”“科普创作理论研讨会”等，就科普创作在新时期的需求、方向、特点进行了交流研讨，提出了科普创作要关注环境、民生等社会热点问题，应在环境科学、老龄社会面临的老年人身心健康知识、生命安全知识、食品安全知识、青少年科技知识、科学精神的培养等方面开展创作。协会还结合北京市的热点话题，以大气污染防治为主题，与北京科技记者编辑协会联合举办科技编辑、作者培训活动。2014 年，协会还组织了青年科普编辑培训，并与北京地质学会共同举办了科普创作培训讲座等活动。为了提高科普作家进校园演讲水平，协会还与中国科普作家协会联合举办了科普演讲培训班，培训了一批有志于科普演讲的人才队伍。

2014 年，为了引导青少年热爱科学、丰富想象力和创造力，协会组织编写了《我们的科幻画》一书，由科学普及出版社出版发行，受到了广大青少年的好评。

5. 加强协会自身建设

2012 年至 2014 年，协会注重自身建设工作。首先，筹备建立了协会的网站，使会员有了交流展示的平台，也扩大了协会的影响力。协会建立了会员通信制度，不定期地编发《会讯》，及时通报协会信息。协会还建立健全会员档案，2013 年，协会秘书处整理、更新、完善会员档案资料，实时更新数据库，保证了信息的时效性，使协会管理更加规范。协会对“北京科普创作出版专项资金”建立以来所资助项目获得的各类奖项进行统计、建档，及时了解会员科普作品的创作及获奖情况，并及时通报协会工作，还印制、发放会员证，创建协会会员 QQ 群，使协会会员之间可以点对点、点对群交流，切实为广大会员服务。

2014 年是中国科普作家协会成立 35 周年。中国科普作家协会举办了中国首届科普电影文化周和科普与中国梦高层论坛，并召开全国科普作协工作座谈会。协会理事长周立军和部分会员以及来自 29 个省、市、自治区科普作协或科普部的领导参加了活动和会议。周立军理事长代表北京科普作协在大会上作了发言，介绍了北京科普作协近年来的工作。11 月 4 日，中共中央政治局委员、国家副主席李源潮与科普作家协会的代表进行了座谈，北京科普作协理事长周立军、常务理事李建臣、理事刘金霞、郭晶、杨虚杰等参加了座谈会，李源潮同志充分肯定了科普作协多年来的成绩，并对今后进一步加强科普创作提出了要求和期望。

近三年来，协会工作紧跟时代步伐，不断开拓创新，各项工作取得了一定的成绩，也得到了北京市科协的充分肯定。2014 年，协会被评为北京市科普工作先进集体。

三、第六届理事会期间的工作亮点

1. 举办优秀科普作品征文活动

为了全面贯彻落实《科普法》和《全民科学素质行动计划纲要》，繁荣科普创作，促进科技与文化的结合，促进北京地区科普创作人才队伍的建设与发展，壮大协会队伍，北京科普作协在北京市科协的支持下，决定在全市举办了“优秀科普作品征文”活动。活动主办单位为中国科普作家协会、北京科普创作协会，协办支持单位为北京科普发展中心、中国科普研究所、科学普及出版社、电子工业出版社、《北京科技报》社、《百科知识》杂志社、《父母必读》杂志社、《航空知识》杂志社、《健康管理》杂志社、蝌蚪五线谱网、果壳网等。

活动主题为“科学成就梦想”，把贯彻党的十八大精神与学习宣传教育“中国梦”紧密结合，突出科学技术的快速发展与普及给人民生活和城乡面貌带来的显著变化，突出科学技术在方方面面取得的巨大成就。活动得到了北京科技报的大力支持，在北京青年报和北京科技报《科技生活》专刊连续进行了多次的宣传报道。

为了发现、培养青年科普作者，扩大征文活动的影响力，协会聘请科普创作专家先后在华北电力大学、北京大学、北方工业大学、北京理工大学、北京农学院、北京工商大学、中国科学院大学、北京工业大学、北京邮电大学等 9 所高校进行了培训，取得了较好的效果。

第一届优秀科普作品征文活动截止到9月30日共征集来自协会会员、学校、科研院所、企业及社会各界的各类科普作品285件，其中来自高校的科普作品86件。经过专家评审，确定了特别奖5名、一等奖3名、二等奖6名、提名奖85名。

2014年，协会举行了第二届优秀科普作品征文活动。

活动的规模不断创新和扩大，打破以往征文活动的传统方式，重点突出互联网和各新媒体的参与，充分体现互联网+的模式。活动的主题为"科学梦写出来"——第二届北京优秀科普作品征文暨"蝌蚪五线谱"寻找优秀新锐科普写手活动，热情鼓励社会中热爱科学、热爱科普创作的个人、团体积极参与，通过社会呼吁、定向培训等方式征集科普作品，并为获奖者提供后续的写作平台。活动在蝌蚪五线谱网、北京市科协网、首都掌上科普微信、手机报平台、北京科技报社《科技生活》周刊及全市主要媒体进行了宣传征集，并在北京市的主要公交车站候车亭宣传栏发布了广告。

2014年9月，对参赛作品进行初审，选出100篇优秀作品。同时对愿意参加蝌蚪五线谱优秀新锐科普写手的作者，推荐给蝌蚪五线谱网站。进入优秀新锐科普写手晋级赛环，经过主题创作、评比，选出了30名进入决赛的选手进行写手培训和决赛。2014年12月，第二届优秀科普作品征文活动举行了颁奖仪式。

2. 开展科普人才队伍的调研工作

为了贯彻落实党的十八大提出的"普及科学知识，弘扬科学精神，提高全民科学素养"要求，了解北京地区科普创作队伍的现状，团结更多的热心科普创作的人才，加强北京科普作协队伍建设，创作更多更好的科普作品，2013年，协会承担了北京市科协重大重点调研课题，开展了《北京地区科普人才队伍现状调查及发展研究》。该课题由协会和中国科普作协、北京市科技信息研究所共同承担，目的是了解北京地区科普创作队伍的基本情况和存在的主要问题，提出贯彻落实《科学素质纲要》，适应首都建设发展和满足公众需求的科普创作队伍建设的培养计划和建议，为北京科普作协队伍的发展提供基本研究支撑。

这次调研对象，主要集中在从事科普图书、文章创作的中国科普作协在京会员和北京科普创作协会会员，及具有代表性的非科普作协成员。调查内容包括：北京地区科普创作队伍的基本情况、北京地区科普创作作品的基本情况、北京地区科普创作的市场情况、北京地区科普创作队伍的主要问题以及北京地区科普创作队伍的培育、发展和对策。

调研工作持续了一年，通过向科普作协全体会员发放调查问卷，通过资料查询和整理，深入出版社、新媒体、新华书店、图书大厦召开座谈会、发放调查问卷等，完成了课题研究。这次调研课题对了解北京地区科普创作人才的情况，促进协会队伍建设发展，繁荣首都的科普创作事业，都具有十分重要的意义。

北京地区科普创作队伍现状调查及发展研究报告（摘要）

本课题通过数据资料分析、调研走访和座谈、问卷调查相结合的研究方式，初步了解了北京地区科普创作队伍的现状和特点，并提出相关对策和建议，详细如下：

一、北京地区科普创作队伍的基本情况

北京地区科普创作队伍数量常年保持在千人以上，为全国第一，约占全国科普创作人员的1/10。主要组成人员包括职业科普作家、科技记者、编辑、科研人员、教师等。科普创作队伍各年龄段人员分布相对均匀，半数以上人员具有高级职称，80%人员尝试过纸媒作品以外新形式作品的创作，21%获得过

各种奖励。

但是，北京地区科普创作队伍生存现状不佳，创作人员中八成为兼职人员，仍有15%的人员没有北京市户口。科普创作主要靠个人热情，超过六成人员在从事多年科普创作以来没有得到过任何形式的回报。创作者单打独斗为主，创作人员与出版社的联系十分松散，科普创作市场机制没有建立。从事科普创作的主要资金来源于出版社的稿费和自筹资金，来自社会的资助十分有限。很多年富力强的科普创作人员已经多年不从事科普创作工作，平均停止创作时间达10.5年。甚至获过奖的科普作家都难以靠科普创作维持生计，被迫转行。

二、北京地区科普创作作品的基本情况

北京地区科普作品创作总体情况良好，科普作品产出整体水平全国第一。科普图书出版种类约占全国的4成，连续多年保持在每年2000种以上的超高水平。科普图书出版发行量保持在每年1000万册以上，科普期刊种类约80种，出版发行量约3000万册，北京地区科普（技）音像制品出版种数、科普（技）类报纸年发行总量全国第一，北京地区电视台、电台科普（技）类节目播出时间均高于全国平均水平，科普网站数量连年上升至200余个。

北京地区科普作品质量较高。获国家科技进步奖的科普图书北京地区最多。受访人员10年来，人均出版各类科普图书3部套，20%作品获得了各类奖项。

北京市政府重视科普创作工作。1998年在全国率先设立了的北京科普创作出版专项资金，截至2011年共资助科普图书、

音像制品 205 项。除此之外，相关政府部门也常年支持了行业领域内科普作品的创作和出版。但是，北京科普创作出版专项资金项目年均只有约 15 个，平均资助金额仅为 6.7 万元左右。北京地区 70% 的科普作品获得的资助金额不足 5 万元，创作人员利润几乎为零。这与文学作品等其他类型创作的支持力度相差悬殊。

三、北京地区科普作品的市场情况

北京地区科普图书市场总体呈下滑趋势，在京销售的科普类图书约 2500 种，价格区间在 20 ~ 40 元为主，销售寿命约 2 ~ 3 年，科普图书销售量连年萎缩，西单图书大厦科普图书单本月销售量平均约为 100 册，这与动辄月销量数万册的其他种类热销书形成鲜明的对比。

科普图书市场鱼龙混杂，很多科普图书内容重复、质量粗糙、跟风现象严重。多数优秀科普作品由于缺乏营销手段而“叫好不叫座”。近 10 年来，在售的科普图书已经没有一本国产原创的经典著作。

四、北京地区科普创作队伍存在的问题和建议

（1）北京地区缺乏关于科普创作人才队伍发展顶层设计，一定程度上影响了科普创作人才队伍的整体发展，建议政府出台北京地区科普创作人才发展“十三五”规划。

（2）建议建设国家科技传播体系。推进科研项目的科普化进程，在人事任命、升迁、职称评定、奖励中增加科普成果要求，使科技人员全员参与科普。

（3）由于科普创作的难度很大，经费少，科普创作人员难以维持生计。建议政府扩大科普专项经费总金额，加大对每项科普创作的支持力度。改变科普创作经费支持方式，仿照文学领域，试点开展针对科普创作人员而非单位的项目。

（4）“信息不畅、渠道不通”是科普创作人员在从事科普创作过程中现阶段反映最多的问题。建议建立北京地区科普创作信息平台，集合与科普创作相关的信息，实现多方面资源共享，为科普创作人员学习交流、寻找渠道提供服务。

（5）图书出版行业早已进入市场化，但科普创作市场化相对滞后。建议将市场效益加入到项目资助、奖励的评审标准之中，使市场成为科普创作的杠杆和风向。加大对优秀科普作品和优秀科普作家的社会宣传力度，活跃科普图书市场，带动科普创作繁荣。

（6）由于科普创作队伍专业化程度不高，建议在高校设立“科技写作”课程，鼓励社会组织深入学校开展科普创作相关培训和活动，为科普创作团队输出专业的新鲜血液。

（7）新时期、新形势下，需要开展科普创作相关理论研究。急需对北京地区从事新媒体、新形式科普创作的人员及其生存状况进行摸底调研，科普作协如何在新时期下发挥更大的作用及其新的发展模式，科普创作市场化等方面还需进一步探讨。

3. 组织参加“北京科学嘉年华”活动

北京科普作协第六届理事会成立以来，连续两年组织参加“北京科学嘉年华”活动。特别是 2013 年 9 月 12-16 日，协会和中国科普作家协会、科学普及出版社及《知识就是力量》杂志社共同组织参加了在北京奥林匹克公园举办的第三届“北京科学嘉年华”活动。经过精心准备和设计，制作了多媒体电视宣传片，布置了可以阅读互动的展室和优秀科普图书，开展了公众与科普作家面对面的交流活动。我国天文科普事业的开拓者、协会的老会员、今年 88 岁的李元先生；协会理事、清华大学教授、著名科学阅读人刘兵先生；致力于新媒体新技术研究的杨再石教授；我国太空美术第一人、喻京川先生参加了活动。在活动现场可以聆听，可以交流，更可以带上自己的作品来分享。

“北京科学嘉年华”活动期间，展区的空间营建出了科普阅读、科普创作、科普欣赏的浓郁氛围。在展区内，中国科普作家协会推介的百余种优秀获奖图书、北京科普创作协会组织编写出版的优秀科普图书，北京科普创作出版专项资金资助的图书以及《知识就是力量》等大量的优秀科普期刊进行了现场宣传展示。

4. 组织科普作家进校园活动

2014 年，北京市科协和北京市教委为进一步贯彻落实《全民科学素质行动计划纲要》和《国家中长期教育改革和发展规划纲要》，满足北京市 71 万小学生减负后对课外科技活动的迫切需求，在全市试点开展“科学家进校园”活动。北京科普作协联合中国科普作家协会积极参加了这项活动。协会的团体会员《我们爱科学》《少年科学画报》《航空知识》等和中国科普作家演讲团的积极响应，报送了 90 个不同类型的科普演讲、报告、科学故事、科学实验、科技制作等活动内容。

至 2014 年年底，协会的各个会员单位和中国科普作家演讲团组织科普作家、编辑在试点学校与学生进行面对面的交流互动，宣传、展示、讲解适合青少年的科普读物，开展娱乐性强、主题突出的各类科普活动 200 余场，使在校学生对科学的兴趣不断提高，创新意识和实践动手能力得到增强，课外生活更加丰富多彩。通过这项活动，协会积累了经验。

2014 年 8 月举办了科普演讲培训班，请有多年科普演讲经验的科普作家进行讲座、指导，协会 30 余位有不同专长的会员参加了培训，为今后更多的单位和会员参加科普作家进校园活动打下基础。

第二部分

硕果累累

北京科普作协经过35年发展，人才济济，硕果累累，在优秀科普图书的策划、创作、出版方面；在学术交流的深度与广度方面；在参加科普宣传活动的活跃度方面；在团结广大会员、搭建共同交流与发展的平台等方面做出卓有成效的工作。协会的工作能力和团队凝聚力也提高到一个新水平。

策划·创作·出版优秀科普图书

北京科普作协自创立以来，一直坚持以科普创作为宗旨、为中心，团结北京地区的优秀科普人才，专注于优秀科普作品的策划、创作和出版，在不断推出优秀创作人才的同时，也推出了大量具有广泛社会影响力、具有品牌效应的优秀科普图书。

下面介绍协会组织创作出版、会员自行创作以及会员编辑出版的部分获奖科普图书。

《家庭卫生顾问》

北京科普作协　编

主　　编：林巧稚

副 主 编：高　翼　张金哲　翁心植

编　　委：于宗河　王冀全　郎景和　申文江　李宗浩　阮芳赋　刘立　等 19 人

出 版 社：北京出版社

出版时间：1980 年 2 月

获奖情况：1980 年获全国优秀医学科普图书奖；1981 年，被列为全国十大畅销书之一；1982 年获全国优秀科技图书奖

内容简介 本书是北京科普作协成立之后组织创作的第一部科普图书，是一本普及医学卫生保健知识的图书，详细解答了广大公众有关衣食住行、生老病死、防病治病等各方面的基本医学常识，是家庭常备的卫生顾问和指南。

《智慧的花朵》

北京科普作协　编

主　　编：仇春霖

编　　委：马秀骅　卞德培　冷兆和
吴伯泽　郑慕琦　耿守忠
郭　治　郭继武　等

出 版 社：北京出版社

出版时间：第一集 1980 年 1 月，
第二集 1983 年 2 月

内容简介 该书的创意是集萃、展示国内外优秀科普作品，为我国的科普创作提供学习和借鉴。

第一集分为“科学故事”“科学童话”“科学幻想小说”“科学史话”“科学小品”“科学诗及其他”“科普美术”等；第二集分为“科学小品”“科学童话”“科学故事”“科学幻想小说”“科学诗及其他”“科教电影脚本”等。该书集录了郭沫若、高士其、严济慈、茅以升、温济泽、贾祖璋、叶至善、董纯才、周建人、傅连暲、竺可桢等著名作家以及苏联、美国、日本、英国、波兰等国外著名科普作家的科普佳作。

《厂长必备》

常务编委：邬凤祥　王又庄　任隆淯
刘敏世

编　　委：邬凤祥　王又庄　任隆淯
刘敏世　张守德　等 12 人

出 版 社：北京出版社

出版时间：1982 年 5 月第一部出版，
1984 年 2 月《续集》出版

内容简介 20 世纪 70 年代末，我国迎来建设的高潮。我国工业的掌门人——厂长该怎么当？需要掌握哪些现代管理学的知识和技能？这是一种迫切的社会需要，该书为此而创作，介绍了工业企业、厂长职责、经济规律、管理概论、质量管理等基础知识，以及能源、电子技术与自动化、机械设备、环境保护、劳动保护等基本科技知识。

《娃娃学科学》丛书

主　　编：北京科普作协　北京市教育局幼教研究室
出 版 社：北京出版社
出版时间：1982 年 5—8 月

内容简介 该丛书为响应“学科学从娃娃抓起”而组织创作。面向幼儿，按目标人群年龄特点分成小、中、大班分别编写。

全套丛书以图为主，配以简单的文字说明，色彩鲜艳，生动有趣，从幼儿身边一个个动物、植物、现象等，针对不同年龄段的幼儿讲不同的小故事，知识性、科学性强，能够启发幼儿的智力和想象力，使幼儿快乐健康地成长。

《现代工程师手册》

主　　编：茅以升
编　　委：黄寿年　沈泰昌　徐寿波　费声华 等
出 版 社：北京出版社
出版时间：1986 年 3 月

内容简介 我国的现代化建设需要培养和造就千千万万的工程技术人才，这在 20 世纪 80 年代的中国成为重大任务，该书的策划即为实现这一目标。全书从我国的实际情况出发，系统地介绍了现代工程技术中的共用技术和通用知识，出版后得到了教育部的重视，被确定为全国工程师继续教育的教材。

《学生手册》

北京科普作协　编

编　　委：黄寿年 等 9 人

出 版 社：华夏出版社

出版时间：1986 年 8 月

内容简介 该书是指导小学生课外学习和生活的实用性手册，共分为 6 册，每个年级 1 册。每册内容包括“寄语少年朋友”“爸爸妈妈的希望”“照片”“生日记事”“我的学校、我的班级、我的老师”“课程表”“周作业、活动记录表”“快乐的星期天”“周记”“一学期的回顾”“期末成绩评定表”“假期生活”“一年健康情况记录”等。这部书就像是亲切的向导、忠实的朋友、明亮的镜子，指导小学生把自己每一年学习、生活的足迹珍藏下来。

《当代城乡青年科学生活 500 题》

北京科普作协　编

编　　委：周舜武　耿守忠　肖承邺 等 10 人

出 版 社：上海科学普及出版社

出版时间：1990 年 7 月

内容简介 旨在以阅读来提高青年的处事立业能力，增强他们的生活科学和艺术情趣。该书在内容选择上力求时代气息浓，科学性强，实用价值高。全书分为 13 个章节，516 个题目，以问答形式呈现，包括自我修养、自学进修、社交与礼仪、娱乐与文化、服饰与美容、饮食与营养、居住与环境、旅行与游览、恋爱与婚姻、家庭经济管理、法律常识、商品知识、保健卫生等内容。

《迈向 21 世纪科普丛书》

执行主编：黄寿年　卞德培　谢仪方
执行编委：夏桂云　乔　玲　陈　兵
出 版 社：广东教育出版社
出版时间：1995 年 12 月第一辑，1999 年 8 月第二辑
获奖情况：1996 年获第十届中国图书奖

内容简介 这套书是北京科普作协在世纪之交策划、主编的一套重点科普读物。丛书以“昨天、今天、明天”为主线展开，既注意回顾有关的科学史和认识过程，更着重于展示科学技术迅速发展的现状和未来前景；在普及科学技术知识的同时，更着意宣传科学的思想、方法和精神。

该书第一辑 7 本：《天窗怎样打开——探索星空的奥秘》《管理地球的工具——地理信息系统漫谈》《犁沟在延伸——替代农业的发展》《人类繁衍史上的奇迹——试管生命揭秘》《玉宇澄清万里埃——大气环境的污染与治理》《揭开“斯芬克司”之谜——人的面面观》《电子传奇——微观粒子世界揭秘》。

第二辑 5 本：《信息高速公路——现代化高速信息网》《打开人工智能大门的钥匙——趣谈模糊技术》《漫游地图宫——从古地图到电子地图》《现代顺风耳——电话的发展与未来》《神通广大的粒子——物质世界揭秘》。

《生存训练丛书》

策　　划：刘京京
作　　者：明发源　蔡涤华
出 版 社：北京出版社
出版时间：2001 年
获奖情况：2001 年获第五届全国少儿优秀图书奖二等奖，第四届全国优秀科普作品奖三等奖，北京市优秀图书奖三等奖；2003 年获第一届北京市优秀科普作品奖优秀图书奖；2008 年获北京市科学技术进步奖三等奖。

内容简介 这是一套普及生存知识的科普作品，通过生动有趣的卡通故事，教给小读者如何避免灾害及加强自我保护的措施及方法。丛书包括四册：《生存岛》《非常时刻》《丛林历险》和《绝处逢生》。

《漫画金头脑丛书》

主　　编：张开逊

策　　划：赵　萌　刘子君

作　　者：杨　鹏　沈宁华　张　俭　赵锡录　洪水平　荣景生　徐　来　等

出 版 社：北京少年儿童出版社

出版时间：2001 年 1 月

获奖情况：2001 年获第五届国家图书奖，第五届五个一工程奖，第四届全国优秀科普作品奖一等奖

内容简介 丛书共 6 个分册，以少年儿童喜闻乐见的卡通绘画形式，分别介绍了六位不同时代、不同国籍的科学巨匠成长为科学大师的历程，形象地说明创新能力是如何在人的身上孕育并发展成为推动人类文明进程的伟大力量的。

这套书开创了科普创作“三结合”的新模式，即熟悉科学史的科技教育专家与文学家结合，写出文学本，又通过卡通绘画者把它转化成具有视觉冲击力的卡通科普书。丛书共发行 4 万套 24 万册。

《科学的历程》（第二版）

作　　者：吴国盛

出 版 社：北京大学出版社

出版时间：2002 年 10 月

获奖情况：本书第一版 1995 年出版后，先后获得了中宣部五个一工程奖、第二届全国青年优秀社会科学成果奖，被新华书店总店评选为新中国 50 年百部名著，被科学家推荐为 20 世纪百部科普佳作。

内容简介 该书以宽广的人文视角审视科学发展的历程，它以西方文明和科学的发展为主线，讲述了东方文明和科学技术对人类进步的重大贡献，展示了人类每一次重大的科学技术进步在人类文明发展链条上的意义和价值，阐述了人类在认识大自然的过程中，自身宇宙观、世界观的不断深化。该书借助大量精美、精彩的图片，气势恢宏又通俗生动地描画出五千年人类文明史的科学发展历程。

该书掀起青少年阅读科学史的热潮，对于青少年树立科学的人生观和宇宙观，了解科学进步的曲折艰难，发挥了重要作用。

《登上健康快车》

作　　者：洪昭光　胡大一　向红丁
出 版 社：北京出版社
出版时间：2002 年
获奖情况：2003 年获第一届北京市优秀科普作品奖最佳奖

内容简介 该书由《北京晚报》著名的健康栏目“健康快车”的优秀文章集萃而来，作者洪昭光、胡大一、向红丁均为知名的一线医学专家，这些医学大家以人文关怀精神、生动的语言和实例、朗朗上口的段子，为群众讲授了最重要的保健知识和最新的健康观念，介绍了当代文明科学的生活方式。

这本书创下了科普书发行 130 万册的奇迹，成为超级畅销书，它的出版发行震动了国内外，引领我国的健康科普进入一个新的阶段。

《鸟兽物语》

作　　者：郭　耕
出 版 社：北京出版社
出版时间：2002 年
获奖情况：2003 年获第一届北京市优秀科普作品奖最佳奖，
第五届全国优秀科普作品奖二等奖；
2007 年获北京市科学技术进步奖三等奖。

内容简介 本书是一本以科学精神和哲学态度、以自由奔放的“四不像”方式传播科学精神、科学思想的杂文集。作者通过“鸟兽物语”“放飞心灵”“从善护生”三部分，以散文、游记、科学小品、诗歌、短剧、论文甚至读后感等方式，将其从事科普、环境保护的行为、行迹、思想、思考向读者娓娓道来，其中很大篇幅都是笔者在十余年动物保护经历中所亲历的事件。

《你也能当发明家》

作　　者：（美）坎尼斯蒂文（CaneySteven）

翻　　译：徐晓敏

出 版 社：北京出版社　北京少年儿童出版社

出版时间：2002 年 4 月

获奖情况：2003 年获第一届北京市优秀科普作品奖最佳奖，第五届全国优秀科普作品奖三等奖。

内容简介 这本书里有许多真实的发明故事，这些故事只要开始读起来，就很难停下来。这些发明，看上去很一般，可正是无数不起眼的发明，汇集了人类辉煌的文明。今天，这些发明早已被新技术所取代，这些发明人的名字也被人们遗忘，但是，发明人的追求和智慧，永远是我们的宝贵财富。

《农村预防非典 66 问》（音带）

主　　编：北京科普作协　中国健康教育协会

作　　者：赵仲龙　蔡皓东

出 版 社：北京电子音像出版社

出版时间：2003 年 5 月

内容简介 本音带由北京科普作协策划，联合中国健康教育协会的专家，专门针对卫生环境较弱的农村而编创。考虑到农民的文化程度和接受方式，本次采用了录音的形式，选取有关“非典”的 66 个主要问题，有针对性地进行了解答，帮助农民朋友科学应对突如其来的疾病。

《身边的传染病故事》丛书

主　　编：中宣部宣教局
　　　　　卫生部基妇司
　　　　　中国科协科普部
　　　　　全国亿万农民健康促进办公室
撰　　稿：赵仲龙　蔡皓东
出 版 社：北京出版社出版
出版时间：2004 年 1 月—2006 年 1 月
获奖情况：2005 年获第二届北京市优秀科普作品奖最佳奖；2010 年获第一届中国科普作家协会优秀科普作品奖提名奖

内容简介 该丛书共 4 个分册，分别为《冬春篇》《夏秋篇》《综合篇》和《艾滋病篇》。由于读者对象主要为农民，因此采用了讲故事的形式，用一个个鲜活的案例，形象生动地介绍各种传染病的症状、危害、并发症、后遗症，将有关传染病的传染源、传播途径、易感人群等知识融入其中，并且介绍了我国政府在公共卫生方面的相关政策和背景知识。丛书共发行了 30 万册，并由民族出版社译成少数民族语种出版发行。

《放飞神舟》

作　　者：石　磊 等
出 版 社：机械工业出版社
出版时间：2004 年 1 月
获奖情况：2010 年获第一届中国科普作家协会优秀科普作品奖

内容简介 中国的载人航天工程始自 1992 年，到 2003 年，中国航天人历经 11 年披荆斩棘，终于向太空送去了第一位中国航天员，中国也成为继俄、美之后第三个掌握载人航天技术的国家。本书作者全程跟踪采访载人航天工程，在工程现场见证风云变幻，用文字和图片真实记录了工程的全貌。其资料之丰富，内容之翔实，堪称见证中国载人航天工程的权威。书中大量的信息和照片均来自目击者亲历现场得来的一手资料，生动风趣的文字带领读者跨越时空，亲历现场，感受载人航天的奇妙和精彩。本书被译成维、哈、柯、蒙 4 种少数民族文字和盲文出版，版权输出日本。

《男孩女孩》

作　　者：赵　雪　李　岭
策　　划：北京市科协青少部　北京自然博物馆
出 版 社：北京科学技术出版社
出版时间：2004 年 6 月
获奖情况：2005 年获第二届北京市优秀科普作品奖最佳图书奖

内容简介 本书是少男少女青春期教育的“魔幻版”，作者通过五彩斑斓的魔幻世界中的可爱精灵向青少年讲解了长大成人过程中必然经历的种种成长的烦恼。

《五环旗下的科技奥秘》

策　　划：赵　萌　杨　刚
主　　编：任　海
撰　　稿：韩　勇　王　芳
出 版 社：北京出版社出版
出版时间：2005 年 10 月
获奖情况：2005 年获第二届北京市优秀科普作品奖最佳奖

内容简介 该书分为四部分，即“武装到牙齿——运动装备篇”“插上腾飞的翅膀——训练手段篇”“冠军从这里起飞——场馆设施篇”“道高一尺魔高一丈——反兴奋剂篇”。全书以历届奥运会中的真实人物和真实故事为线索，生动地介绍了科学技术在现代奥运发展中以及在保持运动的公平性方面所发挥的重要作用。大量珍贵照片的运用，更为该书增添了形象直观的魅力。

《与奥运同行——全民健身科普知识手册》丛书

主　　编：北京市体育局　北京市科学技术协会
　　　　　体之杰体育文化发展公司
执行主编：赵　萌　卢元镇　周琴璐
策　　划：赵　萌
撰　　稿：卢元镇　周琴璐　骆秉全　洪　峰　赵之心　等
出 版 社：北京出版社
出版时间：2005 年 6 月—2008 年 6 月
获奖情况：2005 年获第二届北京市优秀科普作品奖最佳奖

内容简介 该书包括 4 个分册，一方面介绍了奥运的理念、精神、项目以及如何文明观赛等知识，另外一方面则深入阐释了奥林匹克运动的真谛在于用竞技体育来促进全体人民的健康，促进各国人民的相互了解，由此介绍全民健身的理念和知识，提供了个人、家庭、社区的实用健身项目，并且针对不同年龄段、不同健康状况的人群，给予个性化的指导。该书总计发行 40 万册，有力地促进了北京市全面健身运动的发动和开展。

《潘家铮院士科幻作品集》

作　　者：潘家铮
策　　划：王洪涛　袁建国
出 版 社：中国少年儿童新闻出版总社
出版时间：2006 年 9 月
获奖情况：2007 年入选新闻出版总署“三个一百”原创图书工程，获团中央第九届精神文明建设五个一工程奖；2008 年获首届中国出版政府奖；2009 年获第四届北京市优秀科普作品奖特别奖；2010 年获第一届中国科普作家协会优秀科普作品奖

内容简介 《潘家铮院士科幻作品集》是潘加铮院士多年科幻创作成就的一个总集，在《地球末日记》、《辩护律师》、《吸毒犯》、《蛇人》四册中收集了其优秀中短篇科幻作品 30 篇。作品运用科学幻想的文体，对人类面临的生态环境与生存危机、前沿高新科技与传统文化、科学技术与道德修养和社会问题、社会丑恶现象等进行了大胆的想象和深刻思考，讽刺与鞭挞。情节构思巧妙曲折，对未来科技的发展，前瞻性很强，不但可以引起读者对科学的兴趣，激发想象力，提高科学素养，同时也能增强社会责任感和爱国主义情怀。

《幼儿必知的 30 种安全知识》

主　　编：北京科普作协
　　　　　北京幼儿科普协会
撰　　稿：蔡涤华
出 版 社：北京少年儿童出版社
出版时间：2007 年 1 月
获奖情况：2007 年获第三届北京市优秀科普作品奖优秀奖

内容简介 这是一套适合亲子阅读的书，分为《幼儿必知的 30 种安全常识》（在户外）与（在室内）两册。孩子是父母心中闪亮的小星星，是全家快乐生活的小天使，发生在孩子身上的任何一点伤痛都会牵动父母的心，但是由于我们生活的环境不是绝对安全的，许多隐患会直接威胁孩子的健康和生命安全。这套书通过有趣的故事、适合孩子动手参与的游戏等不同的方式，让幼儿和他们的父母学会远离可能发生的危害。

《回望人类发明之路》

作　　者：张开逊
策　　划：高　勘　赵　萌
出 版 社：北京出版社
出版时间：2007 年 8 月
获奖情况：2007 年获第三届北京市优秀科普作品奖最佳奖；
　　　　　2010 年获第一届中国科普作家协会优秀科普作品奖；
　　　　　2011 年获国家科技进步奖二等奖

内容简介 本书作者从 260 万年前原始人类打制石器开始走上与其他物种全然迥异的发展道路写起，介绍人类如何靠着发明走过了石器时代、金属时代、机器人时代、电气时代、核能时代、航天时代，而今又进入了信息时代、网络时代。全书纵论古今中外人类的发明，讲述了社会经济发展对发明的推动，讲述了科学发现与技术发明之间的关系，讲述了此发明与彼发明之间的传承关系以及这些发明是怎样影响人类文明进程的。作者以优美的文字阐释了对人类发明的认识与思考，鼓舞人们去探索、创新。

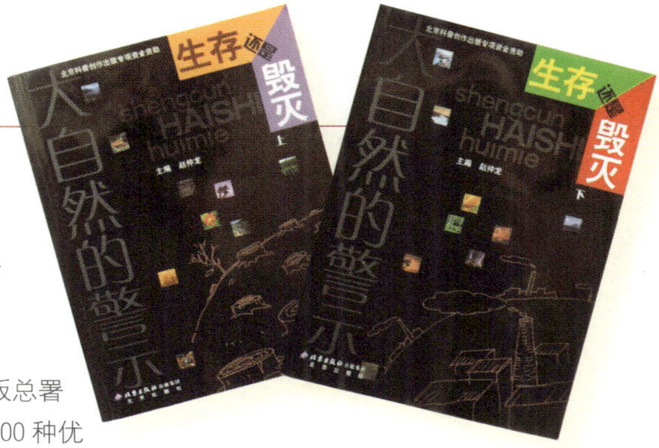

《生存还是毁灭——大自然的警示》

主　　编：赵仲龙

策　　划：赵　萌　张秀智　王文静

出 版 社：北京出版社

出版时间：2008 年 1 月

获奖情况：2010 年，被国家新闻出版总署评为“向青少年推荐的 100 种优秀图书”；2010 年、2011 年，连续入选新闻出版总署“农家书屋”书目；2012 年获北京市科学技术进步奖三等奖

内容简介　地球和大自然是孕育生命的摇篮，却成了被人类恣意索取的奴隶和征讨、改造的对象。恩格斯教导：“我们不要过分陶醉于我们对自然界的胜利，对于每一次这样的胜利，自然界都报复了我们。”作者查阅了大量有关环境破坏和环境保护的史实和材料，结合自己的思想观点，完成本书创作。全书图文并茂，是一本环境保护和环境教育的科普读物。

《酷蚁安特儿——把大象搬进蚂蚁窝》

作　　者：刘金霞

策　　划：吕卫真　袁建国

出 版 社：中国少年儿童新闻出版总社

出版时间：2008 年 6 月

获奖情况：2010 年获第一届中国科普作家协会优秀科普作品奖

内容简介　这是个动人心扉的科学童话。作者巧妙地将蚂蚁和其他昆虫的生理、习性、生态等相关知识融于一个个精彩纷呈、趣味盎然、扣人心弦的故事之中，引领读者走进了神奇的蚂蚁世界，启发他们对奇妙的大自然的兴趣和探索的欲望。作品没有局限于科学知识的诠释和传递，从蚂蚁这种可敬的社会性生物的身上，总结提炼出可供人类学习借鉴的“团结奉献、永不言败”的蚂蚁精神。

《观天巨眼—天文望远镜的 400 年》

作　　者：温学诗　吴鑫基

出 版 社：商务印书馆

出版时间：2008 年

获奖情况：2009 年获第四届中国出版集团图书奖优秀编辑奖，列入 2009 年全国中小学生多媒体教育读物推荐目录

内容简介　1609 年伽利略发明天文望远镜后，望远镜从小到大，从光学到全波段，从单口径到多口径干涉，从地面到空间，形成了一个庞大家族。天文学家透过望远镜观测，使我们对太阳系、银河系、河外星系，乃至整个宇宙的认识都产生了一次次极大的飞跃。本书系统地介绍各种天文望远镜的原理、结构和发展过程以及天文望远镜制作大师们的创造性和科学精神。同时展示各种望远镜发展的各个阶段的观测成就，从中也看出天文学发展的历程。

《农民工科学素质读本》

主　　编：北京市全民科学素质工作领导小组

执行主编：赵　萌

策　　划：北京科普作协　何　丹

撰　　稿：蔡涤华　蔡晧东

出 版 社：北京出版社

出版时间：2009 年 3 月

获奖情况：2009 年获第四届北京市优秀科普作品奖最佳奖；2010 年获第一届中国科普作家协会优秀科普作品奖提名奖

内容简介　本丛书由《生命安全篇》《健康生活篇》《和谐发展篇》三册组成是特别为北京的农民工群体创作，针对性强，科普意义重大。北京市农民工人数已占全市人口的 1/3 甚至更多，这一庞大人群是首都建设的主力军，又是北京的新市民，其科学文明素质的高低不仅关系到自身的安全、生存与发展，而且关系到首都的社会和谐与城市文明。

各分册从案例入手，将科学知识融入生产、生活实际之中，形象生动地普及相关科学知识，传授实用的技能与方法，促使农民工改变观念及行为，以适应北京市民的新身份。

《基因的故事——解读生命的密码》

作　　者：陈润生　刘　夙
策　　划：范春萍
出 版 社：北京理工大学出版社
出版时间：2010 年 1 月
获奖情况：2010 年被评为“大众喜爱的 50 种图书”；2012 年获第二届中国科普作家协会优秀科普作品奖提名奖；2013 年获国家科技进步奖二等奖；2013 年入选第四届“三个一百”原创出版工程，获第四届中华优秀出版物奖提名奖

内容简介 本书以清晰的线索、简练的形式，全面而深刻地反映从基因概念创始到当代分子生物学最前沿进展的 100 年的科技成果，使读者能够通过一本小书领会基因科学的整体面貌、重要知识点及基因科技可能给人类生产、生活方方面面带来的影响。

《造物记——世博会的科学传奇》

作　　者：赵致真
出 版 社：北京大学出版社
出版时间：2010 年 5 月
获奖情况：2011 年获第五届北京市优秀科普作品奖最佳奖；2012 年获第二届中国科普作家协会优秀科普作品奖优秀奖

内容简介 在这本书中，作者巧妙地借助“世博会”160 多年的历程，展示科技创新给人类生活带来的巨大变化，让我们认识了工业革命的进程，了解那些坚定地改变世界的科学家、发明家的悲喜交集的故事。书中“人与自然”“过去未来共斟酌”这样的篇章，是作者对于近代文明的思考，又让该书的立意超越了科技发明本身，成为对人类智慧、人性和未来的追问和探寻。《造物记》可以说是一部令人震撼的简约的科技史，书中呈现的数百幅精选图片，更让人看到科学史上的珍贵历史瞬间，令人难以忘怀。

《假如没有电》

作　　者：中国电机工程学会　少年科学画报
策　　划：李若梅　马　真　万琳琛 等
出 版 社：北京出版社
出版时间：2010 年 6 月
获奖情况：2011 年获第五届北京市优秀科普作品奖优秀奖；2012 年获第二届中国科普作家协会优秀科普作品奖提名奖

内容简介 丁丁由于一夜意外的“洞穴人”生活，搭乘了一支奇妙的画笔，经历了一次神奇的电旅程。他认识了“看不见的神秘力量”，然后以“闪电般的速度”继续旅行，找到了“电从哪里来”的秘密……

《交个医生做朋友》

作　　者：吴海云
出 版 社：新世界出版社
出版时间：2011 年 1 月
获奖情况：2012年获第二届中国科普作家协会优秀科普作品奖提名奖

内容简介 《交个医生做朋友》一书中的多数篇章都以作者的亲身经历引入，针对公众在医疗保健中的主要困惑，包括如何维护和促进健康，生病后如何选择医院和医生，如何选择诊断和治疗方法，结合作者丰富的临床经历，提出了中肯的建议，并对当前影响我国人群的主要健康危险因素和重大疾病，如心脑血管疾病、恶性肿瘤、糖尿病及其他常见病症，进行了相关的科学普及。全书科学严谨，充满人文情怀，嵌入了丰富的历史、文化、社会知识，且图文并茂、情真意切，能强烈地感染读者。

《博物馆丛书》

策　　划：北京科普作协
作　　者：郭　耕 等
出 版 社：中国电子工业出版集团易飞思公司
出版时间：2011 年

内容简介 该丛书包括《北京麋鹿苑》《北京航空博物馆》《中国铁路博物馆》3 个分册。博物馆宛如一个城市的文化名片，这套书的策划，就是想通过图书的形式呈现良好的北京城市形象。它的特色是：以旅游者的视角去看，悉心关注那些博物馆里的好玩的、好看的；跟随旅游者的游览路线、景点去介绍其中的科学内涵，让旅游者在看热闹的同时，学会看门道，懂得其中的科学知识，从而对于科学的神奇和奥秘充满兴趣和求知欲。

《科普童话绘本馆》（50 册科普绘本 + 经典配音版 5CD+ 父母手册）

丛书主编：郭　晶
副 主 编：林玉萍　黄　珊
撰　　稿：滕毓旭　程昱华
插画作者：草　草 等绘
策　　划：郭　晶　彭　婕
出 版 社：电子工业出版社
出版时间：2012 年 5 月
获奖情况：2010 年列选新闻出版总署“向全国青少年推荐的百种优秀图书”；2011 年，入选新闻出版总署“大众最喜爱的 50 种图书”，新闻出版总署“三个一百”原创出版工程，第五届北京市优秀科普作品奖最佳奖；2012 年获北京市科学技术进步奖三等奖，第二届中国科普作家协会优秀科普作品奖优秀奖

内容简介 这是一套适合 3 ~ 6 岁儿童亲子共读的优秀原创科学启蒙故事绘本，包括动物、飞鸟、天象、环保和安全等主题。本套丛书旨在让家长和孩子在亲子共读过程中，在感受童话故事魅力时，把科普知识深深地融进孩子的心灵。

《林下书香——金涛书话》

作　　者：金　涛
策　　划：徐扬科　吕　鸣
出 版 社：科学普及出版社
出版时间：2013 年 2 月
获奖情况：2014 年获第三届中国科普作家协会优秀科普作品奖

内容简介 这是迄今为止国内第一部由科普作家撰写的“书话”，是一本关于评述图书的“书话”，是注重中外科普图书的“书话”。作者以人生的阅历和独到的眼光，对 100 种中外图书的内容、版本、作者情况、出版后的影响以及译本的源流、出版的波折、读后的心得体会等——作了评述，披露了不少鲜为人知的史料，对于繁荣科普创作，扩大视野，提高阅读兴趣，都很有启发。

《名家讲科普》丛书

主　　编：周立军
副 主 编：尹传红　柴俪杰
撰　　稿：韦　钰　戚发轫　杜祥琬　陈君石
　　　　　倪维斗　刘嘉麒　任福君 等
出 版 社：中国出版集团公司　科学普及出版社
　　　　　清华大学出版社
出版时间：2007—2014 年
获奖情况：2009 年获第四届北京市优秀科普作品奖最佳奖；2012 年获第二届中国科普作家协会优秀科普作品奖提名奖

内容简介 从 2007 年开始，北京市科协创办了“首都科学讲堂”，每个周末邀请不同专业的院士、教授、专家面向公众开展科普讲座，讲述公众关注的科学热点，介绍国内外科学的最新进展和成果，至今已经举办了数百场。为了让这些精彩的科普内容惠及更多的群众，“讲堂”的精彩内容被汇编成为《名家讲科普》系列图书，至今已有11册，分别为《名家讲科普》（1-6集）《名家讲科普——科学的真相》《名家讲科普——科学在未来》《你的生活达标了吗》《飞天与浪漫宇宙》《我们家纵横 10000 米》。

组织多种形式的学术交流

注重学习，注重用先进的思想理念武装会员、指导会员的创作是协会的工作重点，为此，协会特别重视学术交流的开展。尤其是2000年后，通过研讨会、专题讲座、会员笔会、经验交流等不同的形式，来促进会员开阔眼界、活跃思想，促进其创作理念和技巧水平的提高。

35年来，协会先后组织过“科学家与科学传播——费曼科学思想”“科幻百年”“科学家的博物情怀”“保护孩子的科学兴趣和求知欲”“优秀科普作品赏析”等多种主题的研讨会、经验交流会等，大大拓展了会员的眼界和思路。

1988年12月，北京科普作协与北京科技声像协会在北京召开“健康百话”招待会，与北京电视台、北京健康教育所等单位进行新片制作的研讨（右4为副理事长黄寿年）

2004 年 2 月 12 日，北京市科协科普工作委员会、北京市科协科普部、北京科普作协在北京理工大学出版社联合举行了科学家与科学传播——费曼科学思想研讨会

2004 年 3 月，在北京科技活动中心举办了科学家的博物情怀研讨会。北京科普创作协会理事长张开逊（左 2）主持了研讨会，北京市科协副主席刘培温（左 3）做重要讲话

▶ 2004年5月，北京科普作协与北京市科学技术协会、北京市新闻出版局、北京出版社出版集团在王府井新华书店联合主办法国引进版科普丛书——《巨眼》的首发式暨中法科普交流会，中国对外友好协会参加。主席台就座的有中国科协科普部副部长高勘（左3）、北京市科协副主席贺慧玲（左6）、北京新闻出版局局长孙向东（左4）、北京出版社副总经理钟制宪（右4）

▶ 法国出版社代表发言

2004年9月5日，北京科普作协在北京索尼探梦科技馆举行了少儿科普论坛，题目是“保护孩子的科学兴趣和求知欲”。青少年科技教育专家汪耆年（右3）、北京科普作协理事长张开逊（左2）、《少年科学画报》主编马真（右2）等参加了论坛

2004 年 12 月中旬，北京科普作协在北京科技活动中心举行了 2004 科幻百年回顾与新趋势研讨会

2008 年 9 月 26 日，在北京科技活动中心举办了北京科普作协成立三十周年纪念活动暨报告会

北京科协常委副主席田小平（左）、张开逊理事长（右）给黄寿年（中）先生颁发荣誉证书

2009 年 12 月 16 日，在北京出版集团多功能厅召开科普创作与出版工作研讨会

2010 年 10 月 20 日，在北京出版集团举办了优秀科普作品赏析报告会

2011 年 10 月 27 日，北京科普作协在北京出版集团召开了科普创作经验交流会。会上为著名天文学家李元教授颁发了奖杯和证书（右为张开逊理事长，左为李元教授）

2014 年 10 月 29 日，北京科普作协在北京科技活动中心召开了北京科普作协科普创作理论研讨会

2014 年 9 月 18 日，理事长周立军代表北京科普作协参加北京国际科学节圆桌会议

2014 年 10 月 25 日，中国科普作协在北京举办科普与中国梦高层论坛暨 2014 年科普创作年会。中国科普作家协会副理事长、北京科普作协理事长周立军（右 2）、中国科普作协副理事长卞毓麟（右 4）、孙云晓（右 1）等与航天员王亚萍合影

2014 年 10 月 26 日，周立军理事长在中国科普作协工作座谈会上代表北京科普作协发言

2014 年 11 月 4 日，中共中央政治局委员国家副主席李源潮在北京与科普创作工作者代表座谈

北京科普作协理事长周立军及理事吴岩等参加了会议

开展丰富多彩的科普活动

群众性的科普活动和集萃精华的科普创作好比科普工作的一鸟两翼、一车两轮，科普活动为科普创作提供大众需求；科普创作为科普活动提供丰富内容。因此在开展学术研究、提升科普创作水平之外，北京科普作协还积极参与对公众的科普宣传活动。例如举办科普报告会、知识竞赛、科普征文评选等，特别是近年来在北京图书节、北京科技周、北京科学嘉年华等大型公众科普活动中，开展专家咨询、优秀科普图书推荐、对青少年的科普讲座等活动，受到公众的欢迎。

1979 年 6 月，北京科普作协邀请参加南极考察归来的中央人民广播电台记者杨时光（右）在民族文化宫做科普报告

1987 年 4 月至 6 月，北京科普作协和北京科技记者编辑协会联合举办首都科学与文明知识竞赛活动，共有 8 万余名公众参与了竞赛

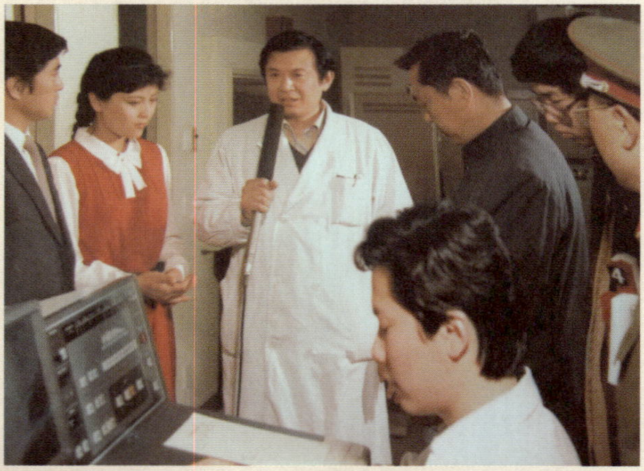

2006年5月，北京科普作协积极参加了科技周科普游园会。在游园会上，北京科普作协展示了30多种优秀科普图书并认真回答了游人的咨询

2006年5月29日，北京科技周组委会办公室和北京科普作协联合邀请参加过南、北两极科学考察的著名专家位梦华教授为北京广渠门中学做精彩的“南北两极与人类未来”的科普报告

2007 年 11 月 18 日，北京科普作协常务理事郭耕受“根与芽”（珍妮古道尔的环境教育机构）委托，为孩子们演讲动物保护

2008 年 7 月 19 日，北京科普作协副理事长王渝生先生在中国科技馆向公众做科普讲座，题目是“科学的昨天、今天和明天”

2008 年 10 月 19 日，北京第八届图书节期间，北京科普作协在地坛公园举办了优秀的科普图书展览展示、专家咨询以及可动手参与的科普小实验等丰富的活动

2013 年 9 月 12 日至 16 日，北京科普作协和中国科普作家协会、科学普及出版社及《知识就是力量》杂志社共同参加了在北京奥林匹克公园举办的第三届北京科学嘉年华活动

2013年3—12月，北京科普作协与中国科普作家协会联合组织了北京市金色杯科普征文活动，共征集到社会各界的科普作品285件，大大提高了全社会对科普创作的关注

培养中青年科普创作人才

科普创作人才是科普的源头活水，是做好科普工作的基础。北京科普作协成立以来，凝聚了很多著名的科普作家、科研工作第一线的科技人员以及热爱科普创作的人士，创作出版了一大批高水平的科普作品。为了使科普创作后继有人，也为了新形势下科普作品能够更新颖更适合读者的需求，协会近年来特别重视对中青年人才的培养，通过报告、专题讲座、办培训班等多种方式为他们更新科学传播的理念和传授科普创作的方法与技巧，同时通过优秀科普作品征集评比的方法为中青年提供展示科普创作能力的平台，让更多的人喜欢以至热爱科普创作。

1984 年，北京科普作协和中国科普作协联合在北京举办了全国报纸科技新闻讲习班，中宣部新闻局局长钟沛璋与讲习班全体成员合影

2012 年 7 月，北京科普作协和北京科技记者协会联合举办青年科技编辑培训班，北京地区各媒体 30 余位青年记者、编辑参加了培训班

2013 年 6 月，北京科普作协在北京大学开展如何进行科普创作的讲座，北京大学 300 余名大学生参加了讲座

2013 年 6 月，北京科普作协在北京理工大学开展科普创作思路和方法的培训，80 余位在校的研究生、大学生参加了培训

2013 年 7 月，北京科普作协聘请科技日报原副总编辑王直华在中国科学院大学作“优秀科普作品是怎样炼成的”的讲座

2013 年 7 月，北京科普作协理事范春萍在北京农学院对在校大学生作“科普写作能力提升的综合化途径”的讲座

2013 年 7 月，北京科普作协聘请科技日报主任编辑尹传红在北方工业大学作“科普创作中值得注意的若干问题”讲座

2014 年 5 月，北京科普作协和北京地质学会联合举办科普创作培训班，近百人参加了培训班

2014 年 8 月，北京科普作协和中国科普作家协会联合举办科普演讲培训班，来自北京市各学会、协会以及科普作协的 40 余名会员参加了培训班

创建民主团结的会员之家

协会的活力来源于会员的活力，因此民主办会至关重要。在协会成立的 35 年中，特别在 2000 年以后的这十余年中，协会逐步走上规范化管理的道路，如协会严格按照章程的规定按时召开会员代表大会进行换届改选；每年定期召开常务理事会和理事会，对协会的工作与管理广泛听取意见等已经成为了工作的常态，这些举措使协会内部更加和谐团结，协会自身的能力也得到很大提高，如协会多次完成政府委派的北京科普创作出版资金的项目评审和北京优秀科普作品评奖等工作；而为会员举行的联谊、参观、沙龙等活动也大大加强了会员间的联系，把协会办成会员之家的目标正在逐步变为现实。

下面的图片，从不同侧面反映了协会民主办会的举措与会员活动的丰富多彩。

1980 年 5 月，在北京劳动人民文化宫组织会员观摩科技电影

1999 年 7 月，组织会员进行科普创作选题研讨

1999 年 9 月，组织会员参观北京昌平农业示范园

2001 年 10 月，组织会员参观亦庄经济开发区

2004 年 1 月 15 日，在北京科技活动中心举办新春联谊会

2006年，在北京科技活动中心组织专家对申请北京科普创作出版专项基金的选题进行评审

2008年3月27日，在北京科技活动中心召开会员代表大会，进行换届选举

2009 年 9 月 21 日，在北京科技活动中心举办科普创作面面观会员沙龙活动

2010 年 6 月 29 日，组织会员参观中国古动物馆

2013 年 1 月 16 日，在北京科技活动中心召开理事会

2013 年 7 月 31 日，在北京科技活动中心召开常务理事会

2013 年 9 月 12 日，组织会员参观中科院动物所，国家动物馆馆长向会员们介绍了馆内珍藏的各种鸟类、兽类等动物展品

2013 年 10 月 29 日，组织会员参观第九届中国（北京）国际园林博览会

2013 年 12 月 15 日，在北京科技活动中心向北京市教委、北京市科协领导汇报“科学家进校园”项目

2014 年 1 月 8 日，在北京科技活动中心召开理事会

2014 年 11 月 4 日，组织会员到北京翠湖湿地考察

第三部分 回忆访谈

北京科学技术普及创作协会 35周年历程

35 年过去了，北京科普作协的新老会员们默默耕耘，倾自己毕生心血、满腔热情，为提高全民科学素质无私奉献着，为中国的科普事业书写了新的篇章。让我们走进他们的生活，跟他们一起去回忆那些过往的岁月，一起感受科普的魅力。

在科学的春天，北京科普作协应运而生

黄寿年　刘　立

北京科普作协自 1978 年成立至今走过了 35 个年头，协会的成立顺应了科学、教育工作大发展的历史潮流。

科学的春天来了

1978 年是新中国成立后不平凡的一年。

这一年，中国共产党的十一届三中全会在北京召开。全会作出了把全党工作的着重点转移到社会主义现代化建设上来的战略决策，提出大力加强实现我国的现代化，必须加强科学工作和教育工作。

这一年发生的另一件大事是党中央、国务院在北京召开了全国科学大会。人民日报发表社论《科学的春天》。

1978 年 3 月 18 日至 31 日，全国科学大会在北京召开。邓小平作重要讲话，强调科学技术是生产力，“四化”的关键是科学技术的现代化，提出要在我国造就更宏大的科学技术队伍。大会主报告的题目是《提高整个中华民族的科学文化水平》，号召大家树雄心，立壮志，向科学技术现代化进军。

广大科技工作者沐浴在科学春天的阳光里，扬眉吐气，热情高涨，要把过去损失的时间夺回来，为祖国的科学大发展施展才华，这其中不乏熟悉科普、热爱科普的科技工作者。

被冷落了十多年的科普工作，在这科学的春天里，开始列入国家的议事日程，这更加激发了广大科技工作者的科普热情。

全国科普创作座谈会成为东风

北京科普作协成立的另一个重要背景是中国科协于 1978 年 5 月底至 6 月初，在上海召开全国科普创作座谈会。

这次座谈会是全国科普界的一次盛会，会议地点安排在当时上海 20 座最高大厦之一的国际饭店，按照国家一类会议标准举办。显耀的会场位置和高规格的会议标准，显示出这次会议的重要。大会主办单位是中国科学技术协会，中国科协的主管领导和科普部的工作人员都出席了座谈会。

各省市自治区科协科普部，科学普及单位的主要负责人，科普创作、出版、传播界的热心人士以及科普界的知名人士悉数参加。

各省市自治区的科技馆、自然博物馆、天文馆，教育系统的青少年宫以及卫生教育所（馆）、出版社、杂志社、报纸、电台单位都派人参加。来自全国各地的热心科普创作的科技工作者、作家、科普编辑和科普美术方面的工作者也踊跃参会，这些人大多成为之后我国科普创作事业的开拓者和核心力量。

北京市科协对这次座谈会非常重视，派出了一个比较大的代表团，由北京市科协科普部的负责人黄寿年带队，参加人员有：科普部乔玲，北京天文馆研究员、著名天文学专家卞德培和李元，北京市卫生教育所的高翼和刘立，北京市急救站的李宗浩，北京自然博物馆的黎先耀，还有来自中央各部委驻京科研单位的一大批科普作家。

上海代表团同样派出了实力雄厚的代表团，当时已经小有名气的科普作家叶永烈和一大批科普工作者以及当时国内最畅销的科普图书《十万个为什么》的作者和编者，齐聚会上。

参会人员中，引人瞩目的是具有传奇色彩的著名科普作家高士其，虽然他坐在轮椅上，但是自始至终参加了大会。他对科普创作始终如一的热忱，感动着所有人。

大会由时任中国科协科普部副部长的王麦林主持。座谈会分为科协系统单位、科普作者和编辑、科学普及单位三大组进行学习讨论，气氛非常热烈。

在科协系统这一组里，来自各地科普部的部长当中，只有少数是以前的老部长，大多数是新加入到科协工作中来的同志，对如何开展工作感到茫然。与会的广大科普作者热情高涨，非常积极，强烈希望中国科协牵头把大家组织起来，尽快投入到科普创作之中。

上海召开的全国科普创作座谈会像强劲的东风，鼓动起科普工作者的满腔热情，吹响了中国科普创作大发展的号角。这次座谈会也因而成为我国科普事业发展史上的一座里程碑。

开全国先河 酝酿成立北京科普作协

在上海的全国科普创作座谈会上，北京市科协科普部部长黄寿年与到会的北京各单位代表展开热烈讨论。黄寿年原来在总参搞技术工作，刚刚转业到地方不到两个月，怎么样把北京的科普工作开展起来，他心中没底，也着实有些为难。

经过走访有经验的老同行，拜访相关领导，广泛听取大家的意见，黄寿年的思路逐步清晰起来：北京市的科普工作是面向千百万群众的社会工程，单靠科协的少数工作人员是难以胜任的。要把科普工作做好：第一，必须把全社会各行各业的科技工作者组织起来，建立一支队伍；第二，要有阵地，从事科学普及的专业单位，像天文馆、自然博物馆等要一如既往地依靠，而新闻媒体如广播、电视、报刊、出版，乃至医院、学校、街道等，也都可以动员起来，作为科学普及的阵地。这样，才能使科普工作具有广泛的社会基础，获得更强大的传播力、影响力。

“手上要有一支队伍，脚下要有一块阵地”，这就是黄寿年和与会的北京代表们讨论后形成的初步共识。

回京后，黄寿年把在上海科普座谈会上形成的初步想法汇报之后，提出自己对开展科普工作的新思路，提出建立北京科普创作协会的建议，并向北京市科协党组书记、副主席田夫进行了汇报，得到了田夫书记的大力支持。

激动人心的筹备工作

1978 年 6 月中旬，北京科普作协筹建工作正式启动。北京市科协科普部为此开展了三项工作：一是走访有关单位和科普作者，广泛征求意见；二是参阅有关文件，学习国家方针政策，了解其他协会、学会的管理经验；三是着手起草成立协会的框架构想，如协会的宗旨和任务是什么、干什么、怎么干，吸收、聘请哪些单位参加，协会的领导班子、核心队伍由哪些人员组成等。

1978 年 7 月，北京市科协召开全市科普工作会议。各区县科协、市属科普单位和部分科普作者参加了会议。会上专门召开小组会，听取关于成立科普作协的意见，北京天文馆的卞德培、北京市卫生教育所的高翼、北京人民广播电台的徐宏等出席。科普部还就成立科普作协一事专门请教了文化部科普局原副局长王树庄。大家一致表示同意和赞成，对在北京市成立全国首个地方性的专门从事科普创作的社团，表示积极支持。

同年 7 月，成立北京市科普创作协会的各项筹备工作全面展开，市科协科普部把这项工作列为首要任务，全力以赴。这时，强有力的支援大军也来了，北京仪器厂的宋东升、科学普及出版社的耿守忠、北京卫生教育所的刘立、北京人民广播电台的徐宏、中国科学院数学所的裘宗沪、北京市劳保所的方丹群、北京师范大学的张家谋等热心科普的人士都被这个目标所鼓舞，集聚到科普部，大家一起紧锣密鼓、有条不紊地展开了筹备工作。

筹备工作主要从以下几个方面进行：

首先，社团工作，人才是核心，队伍是基础，要拉出第一批会员名单。方法：一是调查了解，发掘社会上热心科普的科技工作者；二是个别联络，欢迎热心科普的人士加入；三是靠媒体推荐科普作家，壮大队伍。

其次，没有规矩不成方圆，社团工作要依法办事，要有自己的宗旨和管理的规矩，需要起草协会章程。筹备组经过请教中国科协有关领导，同时参考其他协会、学会，草拟出北京科普创作协会的章程。

第三，准备组成理事会，产生协会的领导班子和核心成员，关键是确定副秘书长以上核心成员的候选人。

科普部在反复调查研究、征询意见的基础上，经北京市科协领导批准之后，提出了首届领导机构成员的候选名单。

顾　　问： 高士其　林巧稚　张文裕　谢冰心

理 事 长： 茅以升

副理事长： 徐剑平　钱　骥　蔡　旭　张　志　韩作黎　王衍盈　仇春霖　林之光

秘 书 长： 黄寿年

副秘书长： 卞德培　宋东生　方丹群　裘宗沪　李宗浩

常务理事： 高　翼　黎先耀　王在德　王政人　缪印堂　赵　莹　张家谋

这其中，聘请德高望重的全国著名科学家、文学家、科普专家组成顾问班子。首届的协会理事长聘请热心科普创作的著名科学家茅以升担任，副理事长聘请相关单位热心科普的领导和专家担任，以强化

第一届北京科普作协理事长茅以升和顾问林巧稚

协会的领导力量和权威性。主持协会日常工作的秘书长由科普部部长黄寿年同志担任，显示了市科协对科普创作协会的重视，也便于科普作协在北京市科协的领导下开展工作；副秘书长和常务理事则启用那些热心科普创作，又能够在协会各项工作中实实在在出力的同志，组成核心队伍。

难忘老一辈科学家的热情

北京科普作协的架构初见端倪之后，如何落实协会主要负责人和顾问，就成为筹备工作的重点。当年拜访和聘请老一辈科学家、文学家的过程和其中的故事，也就成为了北京科普作协筹建过程中的一段佳话。科普部负责人黄寿年到著名桥梁专家茅以升家拜访，向茅老介绍了北京科普作协筹建情况以后，直截了当向茅老提出恳求，希望茅老能够担任北京科普作协的理事长。茅老当场欣然同意，还特别补上一句“我也是科普作者”。

的确，茅以升同志是我国最早从事科普创作、科普作品最多的科学家之一。1950 年，中华全国科学技术普及协会成立，他当选为副主席；在他发表的 200 多篇论著中，有关科普工作的论著和科普文章就占了 1/3；他亲自撰写的《科学属于人民》《科学与科普的十大关系》《没有不能造的桥》等科普文章，在社会上产生了很大影响。当时，茅老已经 82 岁高龄，但是他身体健康，精神矍铄，谈笑风生，谈起科普工作来兴趣盎然。

聘请顾问的工作进展也很顺利。著名科普作家高士其对北京科普作协的筹建工作一直非常关心。当时，北京市科协位于西外大街附近，而高老的家就住在市科协的旁边，走路不过三五分钟，聘请高士其担任顾问的事很快就敲定了下来。

为什么要聘请高士其先生做科普作协的顾问呢？因为高士其先生是影响了我国几代人的著名科普作家，是我国科普事业的先驱和奠基人，在我国人民心中享有很高的威望。年幼时期，他曾在美国芝加哥大学医学院攻读细菌学，在研究脑炎病毒时，不幸被感染，留下了终身不治的残疾，连生活都难以自理。但是他却以残弱之躯，写下了数百万字的科学小品、科学童话故事，引导一批又一批的青少年走上了科学道路。周恩来总理曾经说，高士其代表着中国的科普。后来，国际小行星命名委员会还把 3704 号小行星命为“高士奇星”。

医学科普关系民生，是科普的重要内容，聘请一位医学专家担任顾问，是应有之义。聘请哪一位医学专家呢？大家自然想到了北京协和医院的妇产科专家、中国科学院院士林巧稚先生。林先生一生亲手接生了 5 万多个婴儿，是中国现代妇产科科学的奠基人之一。

说来也巧，林巧稚先生的学生、北京协和医院妇产科的郎景和大夫是北京有名的科普作家，通过郎大夫的引荐，黄寿年一行来到了林巧稚先生的家，这是位于王府井协和医院附近的一座四合院，古朴典雅。林巧稚教授虽然是大名人，却是非常平易近人，她让客人们坐下，自己却总是站着与大家谈话，无拘无束。在谈到准备请她担任北京科普作协顾问的时候，她说：“好哇，我这个顾问一定要做到有问必顾。”

聘请著名物理学家张文裕院士担任顾问也进行得很顺利。他是我国宇宙线研究和高能实验物理的开创人之一，毕生致力于核科学研究和教学，有多项重要发明和发现，同时也十分重视科学普及工作。张先生的加入，增强了高新科技在北京科普作协的力量。

北京科普作协第一届会员代表大会

因为科普创作内容是科学，而写作还需要运用文学手法，大家想到了著名儿童文学作家谢冰心。冰心不仅是儿童文学家、小说家和诗人，同时还是著名的社会活动家。新中国建立以来，她先后担任过中国文学艺术界联合会副主席、中国民主促进会中央委员会副主席等重要社会职务。黄寿年通过冰心先生的儿媳、北京阜外医院的陈凌霞拜访了谢老，谢老也愉快地答应了。

在聊天的过程中，当冰心先生了解到除了她以外聘请的顾问还有高士其、林巧稚和张文裕时，她笑了，说："巧了，我们四位都是福建人，这回老乡有机会见面了。"

老一辈科学家的满腔热情，鼓舞着科普工作者，成为推动北京科普作协发展的动力。

北京科普作协率先在全国成立

1978 年 9 月 26 日，北京科普作协成立大会在北京工人体育场礼堂隆重举行，百余位代表与会。广播电台、报社等媒体云集，被聘为顾问的高士其、林巧稚、张文裕、谢冰心四位先生全部到场，中国科协领导到会指导，当时主管北京市科技工作的白介夫副市长和北京市科协党组书记、副主席田夫出席会议并做了主题报告，市科协副主席徐剑平参加了会议。

全国第一个集聚科普人才，专门从事科普创作的社会团体——北京科普作协诞生了。

同日，北京科普作协首届会员代表大会选举产生了理事会，理事会选举产生了以茅以升院士为理事长的协会领导机构。

在首届理事会大会上，成立了医学、工业、农业、少儿、文艺等5个专业委员会，作为北京科普作协的职能机构。

自此，北京科普作协在中国的科普工作历史上，翻开了新的一页。

茅以升、高士其、谢冰心、白介夫、田夫、蔡旭、张志等参加北京科普作协第一届会员代表大会

作者简介

黄寿年，北京科普作协创办人之一，北京科普作协第一届理事会秘书长，第二届、第三届理事会副理事长兼秘书长，北京市科协科普部部长。

组织编写了《家庭卫生顾问》《厂长必备》《现代工程师手册》《大学生丛书》《迈向 21 世纪科普丛书》等多部优秀科普图书；领导策划、组织了协会的“月末笔会”“科普知识竞赛”等交流科普活动；领导策划、组织了《健康百话》《现代工程师继续教育》等电视片的制作。

刘立，北京科普作协筹备创办初期的参与者，北京科普作协第一届理事会理事，第二届理事会常务理事、副秘书长。卫生部新闻宣传中心 / 中国健康教育中心原办公室主任。

1993 年被中华医学会、全国爱卫会办公室、中国科协科普部评为全国优秀医学科普工作者。

1996 年全国科普工作会议上被国家科委、中国科协授予全国先进科普工作者称号。

藤蔓花开

——一位老科普工作者的回忆

吕　丹（采写）

《书·大禹谟》中说“耄期倦于勤”，但这似乎并不适用于我今天的采访对象——北京科普创作协会第一届理事会秘书长黄寿年老人。黄老今年（2014 年，编辑注）81 岁，2012 年到达了西藏海拔 5200m 的纳木错，几天之后又将启程前往欧洲，开始新的旅行。今天，这位老人正坐在我的对面回忆 35 年前北京科普作协成立时的往事。

1978 年 5 月，黄老从总参通讯兵部转业到北京市科协科普部工作，在那个百废待兴的时代里，科学似一颗重新绽放光芒的恒星，即使是在荒芜空旷的天际，也有用之不尽的热情。然而在极度崇尚科学的领域中，黄老没有追随“上帝已死”的时髦口号，一种信念却在心中萌生、发展，那就是黄老对科普工作及科协组织的认识与理解，再到对它的坚信与热爱。

种子萌芽

1978 年 5 月，刚刚恢复工作的北京市科协科普部，算上黄老也只有 3 名工作人员，就是在这种一穷二白的情况下，仅用了两个月的时间成功建立了北京科普作协。

两个月的时间，北京科普作协是如何实现了白手起家、历史性开创的呢？这不是一两个人的能力所能及的，要归功于当时的社会背景和环境，或者说北京科普作协的迅速成立得益于天时、地利、人和。对于科技工作者，1978 年不亚于他们的第二次解放，因此，在被邀请参加北京科普作协成立工作时，他们表现出了极大的热情和主动，经常是一个电话打过去，便自己乘坐公交车赶过来，中午自己买上盒饭蹲在路边填肚子。

虽然条件十分艰苦，但是北京科普作协却云集当时北京科技界的顶尖人物，第一届理事会理事长茅以升，顾问谢冰心、林巧稚、张文裕、高士其，囊括了出版、媒体、科研院所等社会各界人才，形成了一个小的社会缩影，这支队伍可谓阵容豪华。其机构设置也是历届理事会中最完善、最合理的，为之后作协机构设置打下了良好的基础。黄老说“结构决定性质，结构决定功能”，第一届理事会机构设置正是这句话的真实写照，它体现了社会组织的性质和特征，也决定了北京科普作协之后能够向越来越社会化的方向延伸和发展。

此后的北京科普作协，在无形之中遵循着社会组织社会化运作的规律，取得了一个又一个辉煌成就。而黄老认为自己对科协工作的认识也是从科普作协的成立开始的。经受过部队纪律严格训练的黄老，曾一度非常不适应无垂直建制、只能横向联系的群众团体的工作状态，怀疑在群众团体性质的科协无法开展工作。但是北京科普作协的成立，让黄老对马克思所说的“政府将在共产主义社会逐渐消亡，社会组织将是最后的社会组织形态，社会通过社会组织自己管理自己”的论断有了切实体会，感受到了社会群众团体的力量，意识到它有着更为广阔的活动天地。北京科普作协的成立是黄老在科协工作的一个起点和切入点，是进入科协工作的入门之处。

艳冠群芳

北京科普作协成立之后出版的第一本书《家庭卫生顾问》，在协会的历史中具有里程碑意义。这本书是协会走向社会的第一步，也是35 年来最好的一本书。《家庭卫生顾问》创造了发行量最多、社会反响最热烈、受到好评最多等几个之“最”。从这本书开始，北京科普作协逐渐形成了自己的创作出版特色、自己独特的风格，奠定了被社会认可的基石，也为今后出书开创了道路。

《家庭卫生顾问》发售当天，王府井新华书店两个小时就卖掉了2000本，买书的队伍从书店里一直排到王府井大街。北京出版社多次重印该书，当时中宣部一本叫做《宣教动态》的内部刊物这样报道《家庭卫生顾问》的发行盛况：书店的经理们反映，这本书出版社印多少就能卖多少。

黄老认为,《家庭卫生顾问》的成功，除因为出版恰逢其时、选题精准、体例合理等原因外，还有一个很重要的因素就是这本书的策划、编著过程充分运用了社会化、群众化的工作方式。北京科普作协集中了社会各界的高水平人才，被选中撰写此书的作者更是在本领域里面水平较高的，甚至是最高的学者，比如这本书的主编林巧稚就是其中最为典型的代表。并且每位作者所写的文章，是在他自身领域内最擅长的部分，每篇2000 ~ 3000字的篇幅，可谓浓缩的精华。一百余人的作者中后来逐步成长为科学院院士的有三四人，如张金哲、郎景和、吴阶平等，这也更好地证实了黄老的观点，而如此庞大和豪华的作者队伍，由一家出版社单独组织完成几乎是不可能的。

整本书的编撰过程没有行政命令，不靠行政手段，完全采用社会化的和群众化的工作方法。北京科普作协恰当地发挥了人才优势和组织优势，这正是社会群众团体的特色和不可替代的社会功能。经历过《家庭卫生顾问》发售的人，至今对那段历史记忆犹新，这本书就如百花之魁，艳冠群芳，成为了那个特定历史时期的见证。

枝繁成荫

《家庭卫生顾问》出版之后，北京科普作协在出版界有了长足发展，先后编著了《厂长必备》《大学生丛书》《中学生第二课堂》（丛

北京科普作协顾问林巧稚和《家庭卫生顾问》编写人员高翼、翁心植、阮芳赋、郎景如、谢柏樟、王冀泉、刘立等座谈合影

书）《小学生手册》《娃娃学科学》《现代妇女家政手册》《全国高校理工农医专业简介》等100多种重点图书，取得了良好社会反响。更为重要的是，除了与出版界的密切合作，北京科普作协也逐步开始与社会各界的合作，包括报纸、电台、电视台等传媒以及电视大学等教育部门。

北京科普作协与北京人民广播电台合作创办的《大众科学》栏目，每天在广播电台定时播出，科普知识藉由电波在北京上空传播，北京科普作协因此取得了更为广泛的社会影响，开创了与大众传媒合作的先河。

此后，北京科普作协又同北京电视台合办了《健康百话》栏目，这也是科普作协同北京电视台的第一次紧密合作，成为了科普作协与传媒界合作的标志性活动，获得了四部委联合颁发的“百鹤杯”。《健康百话》每集10分钟，共拍摄了100多集，连续在北京电视台播出了三年半的时间。当时北京电视台的台长王浩在一次全国电视台会议上介绍了与北京科普作协合作举办科普节目的经验：一方面，科普作协编写的剧本使电视台有了高质量的节目内容；另一方面，北京科普作协凭借强大的组织力和凝聚力协同北京科技声像工作者协会的会员单位，以五折的优惠价格制作节目，也为电视台节省了大量的成本。

首都科学与文明知识竞赛由北京科普作协、北京科技记者协会和北京科技声像工作者协会三个团体联合共同举办，是北京科普作协同兄弟单位横向合作的开始。科普作协与中央电视大学合作举办的现代工程师进修班，开启了同教育系统合作的大门，进修班共录制总课时数 360 小时，三期课程历时 3 年半，共招收学员 16 万人。

不难看出，北京科普作协从出版界逐步向平面媒体、电视媒体、远程教育等各个领域延伸，从与单个单位合作到与多部门联合协作，科普作协经历了一个向社会化方向不断纵深发展的历程，同时也始终保持了这一发展方向。正如一株小幼苗茁壮成长，枝叶不断繁茂，为树下之人撑出一片绿荫，北京科普作协为首都科普界带来了一丝清新的气息。

藤蔓花开

现代科普工作由殿堂走向大众，由政府部门走向社会，这是科学社会化的典型例证。政府部门做出科技决策，企业部门推出科技产品，社会组织提出多种科学理念，百姓对科技产品、科普理念的认同和接受，也就是对科普的接受。从社会这一层面来看，黄老认为我国的科普事业越来越兴旺，科普正从一种教化行为向社会科普的自觉行为转变，这一点，在当年北京科普作协的月末笔会中就有很好地体现。

月末笔会在每个月最后一个礼拜的周末下午举行，没有固定的地点、没有固定的参会人、没有主题、没有主持人，科普作协在其中负责寻找笔会地点和通知会员。松散的管理却取得了异常良好的效果，笔会参加人数从几十人一路上升到上百人，会员或非会员单位以及个人从全国各地不远万里而来。黄老对当年经常派人参加月末笔会的北京儿童剧院和木偶剧团印象深刻，这两个看似与科普毫不相干的单位，却从北京科普作协的月末笔会中攫取到了许多灵感，开发出许多好的选题。

科普强调科学知识同社会文化和人文关怀相结合。《科普法》明确规定，科普的目的、宗旨在于提高全民族广大人民群众的科学文化素质。黄老所理解的科学文化素质是科学的人化或者叫科学人文化，即把科学知识在以人为本的观点下转化成科学文化。也就是说用科学的观点来审视我们各项文化，判断其是否合理；用文化的观点来审视科学，判断其对人是否有用、是好是坏。例如，原子能被用来做原子弹就是错的，用来发电就是对的，这是科学的人化或叫人文化，因此可以说将科学变成对人有益的文化形式，就叫科学文化。

科普发生在科学和社会的交叉点上，是科学和社会之间的桥梁。这个交叉点随着社会和科学技术的发展进步而变化，比如，数字技术出来了，数字技术和通信产生一个交叉点，大数据出现后，又有了一个交叉点，这个交叉点是由低到高，具有层次变化的。各个时期，各种社会形态里面有不同的交叉点，不同的交叉点出现不同的科普内容和方式，这也正是科普事业的生命力所在，正如2014年的现在，科普在信息技术高度发达的背景下，迎来了科普信息化元年一样。不同历

1979年，第一届北京科普作协副理事长仇春霖向理事长茅以升汇报北京科普作协工作

1979 年第一届北京科普作协理事长茅以升在三里河寓所外与仇春霖、卞德培、黄寿年、陈受宜、戴伟等合影

史时期社会向科学提出不同的要求，科学在不同的发展阶段都可以指导社会、引领社会，不断进行社会的科学化，所以它们是互动的。因此科普是科学社会化和社会科学化双向进程的一部分。

现在科普作协组织似乎不如从前那般兴旺，但以科普社会化的观点来衡量，可以认为科普工作的工作形态正从有形组织向无形组织转变，科普作协的工作更像是蜿蜒伸展的藤蔓，联系点缀在藤蔓之上的朵朵鲜花，这些鲜花就是我们的科普作家和科普作品，科普作协应当成为他们的纽带和后备支持，帮助他们走得更远、更好。

作者简介

吕丹，北京科技报社科技传播编辑部编辑、记者，专业从事科学普及读物的编辑及撰写工作，主持和参与中国科协、北京市科协、北京市科委多项科普书籍或刊物的编写、出版等工作。

我的创作之路从这时开始

耿守忠

1978 年 9 月 26 日，根据中国科协是年 5 月在上海召开的全国科普创作座谈会精神，北京科普作协在我国率先成立了。科普作协的成立，是当年召开全国科学大会之后，为迎接科学春天到来而盛开的一支绚丽的花朵，为开创我国科普创作的新纪元提供了原动力，有力地推动了我国科普事业的繁荣和发展。

北京科普作协在筹备期间，我有幸参加了一些具体工作，并荣幸地成为首批加入协会的会员。科普作协成立后，首要的任务是抓好科普创作，只有抓好科普创作，协会才会有旺盛的生命力和坚固的凝聚力。为此，协会领导明确提出：要充分发挥协会的团体优势，以为会员服务、为社会服务为主导，团结北京地区从事科普创作的专家、学者、团体，搭建一个群众化、社会化的工作平台，结合广大公众的需求和人才培养的需求，开展多种类型的学术交流和会员活动。

协会首先组织骨干会员策划科普创作的选题。选题确定后，发动广大会员积极参与，很快便创作、撰写出版了多部在全国颇具影响力的优秀科普图书，如《家庭卫生顾问》《现代工程师手册》《厂长必备》等。由此，团结、培养了一大批热爱科普创作的青年学者、编辑和记者，使北京科普创作协会在科普创作上充满了青春的活力，朝气蓬勃，蒸蒸日上。我的创作之路即从这时开始。

1965 年 7 月，我大学毕业，原本学的是理工科，因爱好文学，有幸被团中央所属的中国少年儿童出版社选中，分配在自然科学编辑室搞文字编辑；1971年10月，我从团中央“五七”干校选调到人民美术出版社《连环画报》担任文字编辑；1978年全国科学大会召开之后，被高士其先生推荐到科学普及出版社担任编辑，筹备《知识就是力量》杂志的复刊。

当时，北京科普作协为激励和培养会员们的创作热情，经常不定期组织会员进行学术交流、参观考察、创作研讨和笔会等。我作为科学普及出版社的编辑经常积极主动地参加这些活动。由此，在活动中结识了许多专家、学者、作者和同仁，从他们身上学到了许多宝贵的经验，使我在为《知识就是力量》杂志复刊组稿时如鱼得水。我以坚韧不拔的毅力，向我国著名桥梁专家茅以升组来了《没有不能造的桥》的文章，在《知识就是力量》杂志复刊第一期上发表后，博得了广大读者的一致好评。并在由中国科协、国家出版局、中央广播事业局、中国科普创作协会联合举办的新长征优秀科普作品奖评选中荣获一等奖。

《知识就是力量》复刊改为月刊时，我每期的发稿量约占编辑部总发稿量的一半，这主要得益于我在参加科普作协组织的各种活动中已物色、组建了作者群。因此，我在组稿时左右逢源，组来的稿子质量高，大都被刊用，有的还被开辟专栏，长期刊载。如仇春霖同志撰写的花木知识小品，因既有科学性，又有艺术性，文情并茂，生动活泼，很有品位，受到广大读者的喜爱，故在刊物上连载多年后，又结集成书，以《群芳新谱》之名出版，并多次再版，印数高达十余万册。

我在超额完成编辑任务的同时，还利用业余时间刻苦地进行科普创作。1979年4月，山西人民出版社将我创

作的科学童话《割不得的尾巴》结集出版。这是我创作的第一部科学童话集，也是当时少有出版的童话集。这部童话集当时共发行了 21.3 万册，并入选当时的《中国出版年鉴》。之后，山西人民出版社还陆续出版了我创作的《身边的奥秘》（科学故事）、我和我夫人杨治梅共同创作的《幼儿科学知识百滴》（科学童话百篇，由茅以升主编，是“父母必读丛书”中的一册）。《身边的奥秘》出版后，被选送参加法兰克福书展。

多年来，我和夫人杨治梅通力合作进行科学文艺创作，先后出版了多部童话集，如《黑蝙蝠智取白蛾王》《智慧童话 366》《谋杀塑料王》《聪明的托比》（1—5）等，至今共出版大大小小的童话书近 30 部，约 250 万字，其中有些作品被选入语文教科书中。《割不得的尾巴》童话集又经增补，被列为“十二五”国家重点图书出版规划项目，选入中国原创科学童话大系（第四辑），于 2014 年 5 月由长江少年儿童出版社出版。

除此之外，我和夫人杨治梅业余爱好集邮。众所周知，邮票是国家名片，是方寸艺术品，是微型的百科全书。我俩在鉴赏邮票时，尽管我学的是理工科，她学的是文科，可谓是文武双全，但在读邮票时，对邮票上所涉及的知识和艺术表现有时也读不懂，何况普通的集邮者。于是，我俩就通过自己鉴赏、研究邮票在百科知识上的积累，撰写了一部《中国集邮百科知识》工具书。1987 年 11 月，这部 110 多万字的大部头著作一出版，很快便销售一空，3 个月后即又再版，成为畅销的集邮工具书。

之后，根据广大集邮者的希望和要求，我们又经长达 8 年对《中国集邮百科知识》精心补充修订，在深入采访邮票设计家和有关专家的基础上，进行了大量的研究工作，增补了许多新内容和鲜为人知的第一手资料，使全书焕然一新。1998 年 1 月，这部新版《中国集邮百科知识》出版了，全书 240 万字，依然分为两编。第一编“中国集邮百科知识概论”，全面系统地论述了从清朝到中华人民共和国一百多年

来，中国各个历史时期所发行和使用的各种邮票、封、片、简、戳等邮政用品，以及集邮概论、邮展概论、集邮研究概论和邮品鉴定概论等集邮百科知识，这一编内容基本为重新撰写。第二编“中华人民共和国邮票上的百科知识”，对中华人民共和国 1949—1995 年发行的每套邮票历史背景、每枚邮票图案内容所涉及的百科知识及其艺术创造，进行了系统全面、科学准确的说明和赏析，充实了许多第一手资料和新的研究成果。根据读者要求，配有 3000 余幅邮资票品双色图案，图文并茂。书中还配有 16 页的精美彩页，选登了中国各个历史时期具有代表性的珍贵邮品。全书在内容编排上，既具有百科全书介绍知识全面、系统的特点，又具有大型辞书释义科学和查阅方便的长处。

这是我国第一部名副其实系统介绍中国集邮百科知识的工具书，也是率先弘扬集邮文化，并将科普与文化结合，不仅提升了科普的文化内涵，也使文化充满了科学灿烂的光辉，二者相辅相成，相得益彰。如今这部工具书已被广大集邮者视为经典著作阅读、收藏。

与此同时，1999 年 1 月还出版了彩版《中国邮品辨伪必备》。这是我国第一部专门介绍中国邮品辨伪的专著，也是我们多年来对邮资票品进行辨伪研究的成果。新版《中国集邮百科知识》和彩版《中国邮品辨伪必备》一出版，就被人民邮电出版社选中，买断 5 年版权，出版了电子光盘，公开发行。

进入 21 世纪，我和夫人杨治梅退休后，开始全身心投入著书立说。最近三四年先后出版了《耿守忠杨治梅说邮票收藏与鉴赏》《错体变体邮票鉴定》以及新版《中国集邮百科知识》(续集)、彩版《中国邮品辨伪必备》(续集)等专著。

算起来，我自20世纪70年代开始进行创作，至今共计公开出版大小著述50多部，累计字数达1000多万。科学文艺类有童话集《割不得的尾巴》《黑蝙蝠大战白蛾王》《智慧童话366》《谋杀塑料王》《聪明的托比》(1—5)等；科普读物有科学故事《身边的奥秘》《小电工博士》等；百科、收藏工具书类有《现代家庭实用百科》《中国集邮百科知识》以及新版《中国集邮百科知识》、新版《中国集邮百科知识》续集、《万事万物溯源辞典》、彩版《中国邮品辨伪必备》、彩版《中国邮品辨伪必备》续集、《错体变体邮票鉴定》等。有多部著作在国内外获奖。

《中国集邮百科知识》荣获1989年法兰克福第二届国际集邮文献展览镀银奖和1989中华全国集邮展览文献类银奖；新版《中国集邮百科知识》和彩版《中国邮品辨伪必备》分别荣获中国1999世界集邮展览文献类大镀金奖和大银奖;《万事万物溯源辞典》荣获第六届全国图书金钥匙优胜奖;《智慧童366》获全国教育出版社小学教育图书特等奖；"小小童话丛书"中《奇特的嘴巴表演》等5本作品荣获第八届冰心儿童图书奖。

回顾我所走过的科普创作之路，一年四季，不管严冬酷暑，无论有多么艰难，无论受多少挫折，始终坚韧不拔，持之以恒，在科普园

地里挥汗如雨、辛勤耕耘，终于获得了创作大丰收，并于1998年加入了中国作家协会，成为中国作家队伍中的一员。这与北京科普作协当年的哺育和培养是分不开的。在这里我要真诚地向北京科普作协表示衷心的感谢！感谢她引导我走上创作之路。

值得一提的是，北京科普作协抓创作的经验，不仅使我受益匪浅，我还把这一经验传播到北京集邮协

会。北京集邮协会领导接受了我的传播，茅塞顿开，如获至宝，很快组织会员撰写出一批在全国有影响的集邮图书。仅我亲自参与、组织，并由科学普及出版社出版的就有我国第一部集邮辞典《实用集邮辞典》，另外，还有“集邮者必备丛书”等，受到广大集邮者的欢迎。

现如今，我虽已进入古稀之年，但创作的欲望依然很旺盛，除计划撰写一部有关大众收藏新作之外，将集中精力对新版《中国集邮百科知识》和新版《中国集邮百科知识》续集进行全面修订补充，合并出版一部彩版《中国集邮百科知识》全集，使这部被广大集邮者公认的集邮经典著作，在弘扬集邮文化上发挥更大的作用。这也是我的一个“中国梦”，希望得到北京科普作协的指导、支持和帮助。我深信，我的这个“中国梦”一定能实现！

作者简介

耿守忠，1939年3月生，河北邯郸人。科学普及出版社编审，中国作家协会会员。曾任中国科普作家协会理事，北京市科普作协常务理事、科学文艺委员会副主任，中国收藏家协会咨询专家委员会委员、邮票收藏鉴赏家，北京收藏家协会常务理事、邮品专业委员会主任。

主要著作有《割不得的尾巴》《智慧童话366》《谋杀塑料王》《聪明的托比（1–5）》等童话集，《身边的奥秘》等科学故事，《中国集邮百科知识》《中国邮品辨伪必备》《错体变体邮票鉴定》《万事万物溯源辞典》等百科、收藏类大型工具书。至今累计出版著述50余部1000多万字，有多部著述在国内外获奖。

往事并不如烟

——北京科普作协月末笔会追忆

冷兆和

每每想起与北京科普作协相伴共事的岁月，总会有一些难忘的回忆。和当年许多老会员一样，大家印象最深、影响很大的月末笔会活动，难得地得到会员们异口同声的称赞。

持续举办笔会十余年里，它一直是科普界、出版传媒界津津乐道的话题。作为这项颇受欢迎的大众科普活动的参与者、享受者，同时也是受益者、组织者之一，我亲历过笔会成长发展过程，如电影闪现，心境难平。月末笔会为北京科普作协贯彻为会员服务、为社会服务的“两为”方针开疆拓土，在坚持开展“让作品说话”的创作经营活动中，不失为一段华彩乐章。

（一）

月末笔会于 1978 年 11 月在北京举办。北京科普作协成立之初，百事待兴，头绪纷繁。面临工作人员不足，经费少，从何起步？黄寿年秘书长带领大家详细分析了当时形势：广大会员怀揣“第二次解放”的迫切心情，拥有热情和奉献社会的精神，都想一显身手为大众科普做点实事。

为调动吸纳会员的创作积极性，首先要通过科普作协秘书处和相继组成的各专业委员会，组织会员们互相熟悉，寻找和打通创作渠道。大家你一言我一语，秘书处内部达成共识：举办一种广大会员都来参加的联络交流活动，让会员们之间熟悉起来，让科普界与社会大众熟悉起来。于是，其形式类似沙龙聚会，其组织类似科普超市的盛会应运而生。一次，两次，三次——最后拍板定名为月末笔会鸣锣开场。

（二）

无主题、无主持、无要求，自愿参加，乃月末笔会一大特色。

这种笔会既不是会议灌输式的，也不是派任务指令式的。每个月最后一个星期的周末下午，秘书处负责找个交通便利的场所，以笔会交友为切入点，以推出作品为预期目标，内容宽泛，不设门槛。敞开大门，清茶一杯，欢迎广大会员和出版社、传媒界参加这一联谊活动。

恰是宽泛的内容，宽松的氛围，成就了笔会十年盛事。从开始几十人、百十人，与会人员仅限北京范围，逐而延伸吸引到几千里远的外地客人，各省市主要出版社、科普报刊纷纷闻讯前来采风。人员越聚越多，会场越来越大。一次租用民族宫展厅举办笔会，人满堂堂的竟达四五百人，没有座位，人们兴致勃勃地站着交谈，互换名片，乐此不疲。两个多小时后，用保温桶泡的茶水竟喝光了，急的夏桂云、乔玲赶紧采买茶叶补充。

出版者通过笔会看到科普作协实力，会员作者通过笔会寻找发表阵地。初时不少会员抱着个人诉求而来，却在笔会上遇到知音，惺惺相惜，结为多年合作密友。如郑百朋、李毓佩、郭治、朱志尧、冷兆和、方丹群、封根泉等组合；缪印堂、毕树校以画会友，与文字作者结对，一文一图，均推出了不少好作品。出版者面对人才济济的科普作协寻贤若渴，以选题征选作者，敲定了重点图书体例、大纲，也丰富拓展了科普出版编辑计划。许多作者成为省市科普报刊主要撰稿人，一批出版社也靠拢科普作协变成团体会员单位。据我所知，《家庭卫生顾问》《厂长必备》《小学生手册》《国土整治实例》等畅销图书，几乎都是笔会第一次接触定下来，尔后深化发酵的硕果。会员作者和出版

界的创作眼界、素质水平均得到提升，形成双赢局面，笔会亦由原来的联谊初衷升华为联姻之桥。

火花碰撞出思想。笔会上多种创作思路、选题妙想天马行空地交流，如火花自由碰撞，举一反三，联想翩翩，不时引发会员作者的共鸣、激励。于是，一个个新选题，一种种新形式不断闪现、裂变，迸发出巨大的创作能量。受到科普作协编写实用性手册启发，我随后发起主编、撰写了本行业第一书《市政工程工人技术问答》（3册），工作单位领导十分支持。我在笔会上幸运得到中国建筑工业出版社社长杨永生的首肯，允诺出版发行，及时地为全国市政工人提供了技术培训教材。

笔会为专业创作委员会开辟了各显其能的战场。各专业创作委员会笔会上各自为战，为了给会员提供发挥机会，有时集中起来听取会员的诉求、建议，有时提出一两个选题组织讨论，以吸引不同层次、不同能力的会员对号入座，进入创作预备状态，从而自觉自愿地融入自己的“创作之家”。《娃娃学科学》丛书由秘书处、少儿创作委员会提出选题，北京出版社积极跟进，并诚邀教育局幼教研究室专家，一起撰写编写纲要。一经确定，通过笔会遴选一些比较成熟的作（画）者，分工合作，落实到人。由于会员作者大都有工作岗位，采取分散创作，定期交稿；周六、日组织作（画）者集中审议修改。在出版社代表参加下，宋祖廉、乔玲、冷兆和等同仁放弃休息，夜以继日地连续工作，一本本、一帧帧审定过关。高士其老人为《娃娃学科学》亲书题词，人民日报撰文、发消息专门介绍，影响面甚广。六个专业创作委员会经过历练，极大地提高了大多靠业余时间创作会员“来之能

战”的能力，也相继培育出各专业创作领域的领军人物和组织领导人才。当时，尚为大学生的吴岩、星河等青年人，被笔会和专业委员会发现，发展入会，大胆使用，安排为少儿专业委员会委员。十年磨炼，这些年轻劲足的作者作品频出，遂成为科普作协的中坚骨干力量，社会科普创作的明星。

必须指出，当笔会已形成联络笔友、网络人才、沟通创作渠道的大众科普平台时，作为管理者科普作协秘书处起到的第一推动作用，功不可没。反观秘书处当年举办笔会并非“无为而治”，虽然无主题、无要求，自愿参加，秘书处却从中收集获取大量创作信息，不成熟的选题和奇思妙想的点子以及会员的诸多诉求，经过分析、过滤、补充，视当时社会需要且现实可办到的，及时纳入科普作协工作计划，几经反复运作，一件件、一事事明确时间，落实到人。例如，团中央推荐读物《智慧的花朵》《科技夜话》等，即是秘书处组织完成的质量好、效率高的一部分作品。小活动，大手笔。月末笔会活动使会员作者与出版传媒界沟通渠道畅通，把科普思想、创意、点子浓缩成精华，转化为生产力，广大会员作者依托科普作协根据自身创作特点也有了用武之地。

（三）

十年生聚，北京科普作协秘书处通过多年不懈努力，以及组织一系列与创作相关的活动，如参审科普图书评奖、培训青年创作人才、开办《健康百话》电视节目、建立科普画廊、组织会员参访科技精尖场所等，逐渐锻炼成一支能变个力为合力，发挥效益的活跃作战队伍，一个比较成熟的社会团体。

主要标志是：

——拥有一支上乘的千人科普创作队伍，秘书处有组织兵团作战、各专业创作委员会有独立作战的协调能力，有出好作品的集团实力；

——与北京出版传媒界建立了良好的合作信任关系，高效、高质的工作流程模式，保证每年有一两本（部）影响全国的作品问世；

——有自己较高水平的科普创作工作体系，在培育会员、组织创作、挖掘潜力等方面均有建树；内部团结进取，一心奉献，表现出突显的凝聚力、执行力和创新力。

溯源追本，笔会之所以成功绝不是偶然的。举办笔会适逢天时、地利、人和之机遇，科普作协秘书处顺势而动，以创作为契机，组织广大会员作者积极投入，众志成城，爆发出创作潜力。

笔会之所以成功，因北京科普作协传承有序，有卓越的领导人茅以升、林巧稚、韩作黎等相继坐镇，指导有方，有秘书处同仁黄寿年、范永仁、乔玲、张式贤、夏桂云等一以贯之的辛勤耕耘，从不懈怠。科普作协眼界宽广，开门办会，从善如流，集思广益，秉承大科普理念，创民主协调、广开思路、用人不疑的办会好作风。

笔会为开展科普创作争天下先，这种组织活动形式非常适合分散创作的会员个人很快融入到集体创作的平台之中。笔会既组织出版了众口交赞的

科普作品，也陆续培养了一批科普创作人才，笔会于今对社会团体如何发挥良好社会效益，仍有借鉴作用。

举办月末笔会这十年，应该说是广大会员作者和出版传媒界的十年，是会员生机勃勃、活跃创作的十年，是提高会员素质水平、开拓首都科普事业的十年。虽然笔会事过三十年，往事并不如烟，每忆起笔会，斯人斯事仍历历在目，灿烂如花。

作者简介

冷兆和，原民建中央经济咨询办公室处长、高级工程师。从事科普创作 30 多年 ，曾任北京科普作协第二届、第三届副秘书长，理事、监事。参与了 1961 年首版《十万个为什么》的写作；主编、撰写了《市政工程工人技术问答》(3 册)；参与了《娃娃学科学》《智慧的花朵》《科技夜话》等优秀科普图书的组织编写工作。个人著有科普图书 10 余册，科幻小说、科学小品等 600 余篇。另外，他还积极组织策划了多项大型活动，如月末笔会、首都科学与文明知识竞赛以及《健康百话》《科学长廊》等科普专栏和电视节目。1990 年被中国科普作协授予“建国以来成绩突出的科普作家”荣誉证书。

科普杰作
——电视节目《健康百话》回顾

刘　立

在《健康百话》顺利播出一周年的时候，我在《科普创作》1985年第六期上发表了题为《医学科普园地中的一株新芽——电视节目“健康百话”简介》的文章，总结回顾了《健康百话》创办前后的一些情况，向全国科普界介绍《健康百话》。

现在以该文为基础，回忆我本人参与《健康百话》工作的方方面面，有纪实，也有经验体会，与朋友们分享北京科普作协30年前的那一辉煌难忘的篇章。

参与筹办

1984年9月，在庆祝北京市科普作协成立六周年之际召开的理事会上，我们开始酝酿与北京电视台联合举办固定的医学科普电视节目《健康百话》。后来理事会批准这一设想，并把办好这个节目列入了北京科普作协1985年度工作计划。经与有关方面协商，得到了积极响应，很快由北京市卫生教育所、北京市科协科普部、北京电视台、北京科技声像协会、北京科普创作协会医学委员会等五单位联合组成了《健康百话》编辑部。

一次，我到中华医学会图书馆翻阅图书，发现国外广播电台医学科普节目丰富多彩，受到启发。我们办电视医学科普节目，每周两次，一年下来正好104次，于是《健康百话》这个题目就出来了，讨论中得到大家一致认可。

编辑部设在北京市卫生教育所，编辑部的具体工作由我负责，《健康百话》的总策划、总协调、总指挥在北京市科协科普部，部长黄寿年同志主抓《健康百话》的全面工作。

顺利开播

编辑部1984年秋成立后，各协作单位立即投入了紧张的工作，仅用了当年第四季度三个月的时间，列选题、写脚本、分镜头、找资料、现场拍摄、编辑合成，到1984年年底，完成了8部《健康百话》电视片，1985年元旦，《健康百话》节目在北京电视台就与广大观众见面了。《健康百话》医学科普专题节目每集10分钟，在每星期日晚上新闻联播之后的黄金时段播出，星期四的同样时间段重播一次。

繁花似锦

看了第一年播出目录，可以用繁花似锦来形容。

1. 胎儿健康早知道；2. 孩子要打多少防疫针；3. 您每天吸入了多少氧气；4. 脚与鞋；5. 家庭简易体育疗法；6. 居家卫生与健康；7. 小心烫了孩子；8. 噪声与健康；9. 爆竹与眼睛；10. 预防小儿气管异物；11. 身高漫谈；12. 百岁老人一日生活；13. 甲型肝炎的家庭护理；14. 愿君更美好——腋臭的治疗；15. 预防痢疾；16. 饮酒与健康；17. 预防冠心病；18. 劝君少吃盐；19. 环境与畸形；20. 营养快餐；21. 扁桃体与人体健康；22. 出汗与冷饮；23. 老年人大腿根部骨折的防治；24. 漫话结核病；25. 服装与健康；26. 实行分餐好；27. 口腔卫生保健；28. 冰箱与食物保存；29. 吸烟危害健康；30. 粗脖根与傻孩子；31. 氟与人体健康；32. 维生素C；33. 游泳安全卫生；34. 饮茶与健康；35. 战胜癌症的人；36. 垂钓有趣；37. 老年保健（5集）；38. 预

防近视；39. 骑车有益健康；40. 怎样提高灭鼠效果：41. 糖尿病防治；42. 科协育儿；43. 哮喘。

五大特点

我认为，《健康百话》节目坚持发挥了自己的特点。

第一，内容丰富。防病、治病不是健康的唯一内容，除介绍防病治病的内容以外，《健康百话》同时也注重介绍诸如优生优育、青春健美、老年保健、衣食住行、体育锻炼、习惯嗜好、心理健康以及与人们身心健康有关的内容。"百话"就是选题内容丰富多彩，也符合世界卫生组织关于健康包括身体健康、心理健康和社会健康的概念。编辑部就是根据世卫组织这一概念安排选题的。

第二，针对家庭。看电视，一般来说是人们业余生活当中的事，是人们茶余饭后家庭生活中的一项内容。黄寿年秘书长在研究节目定位的讨论会上提出"电视是家庭艺术"的观点，根据电视的这一特性，《健康百话》特别注意从家庭的角度提出选题，主要拍摄那些在家庭生活中能够用得上、办得到的内容。《健康百话》真正成为了一套针对各类家庭成员的医学科普电视节目。

第三，科学内容与艺术形式相结合。《健康百话》基本上不采用讲课或采访的方法，而是多采用富于吸引力的电视科学小品的形式来表现。例如，北方交大电教室利用这种手法拍摄的《胎儿健康早知道》一片，使得很不好表现的科学内容变得生动、形象、趣味盎然，该片获得 1984—1985 年度北京地区大学科教片评奖活动优秀科教电视片奖。

第四，积极配合防病中心和季节特点。《健康百话》积极配合全国以灭鼠为中心的爱国卫生运动，拍摄了《怎样提高灭鼠效果》；在暑天北京地区肠道病高发季节，《健康百话》拍摄了《预防痢疾》，在电视台连续播放三次；北京人吃盐较多，《北京日报》刊登吴英恺院士的文章《北京人吃盐少些，再少些》,《健康百话》立即拍摄了《劝君少吃盐》，等等。节目很好地配合了卫生防病中心工作，所以受到社会关注和好评。

第五，黄金时段播出。节目每周两次播出都安排在黄金时段，这也是《健康百话》影响不断扩大的一个原因。

社会反响

《健康百话》节目创办以后，受到社会各界的重视，社会效益良好。北京市政府有关领导同志在不同场合赞扬这个节目办得好，办得成功。中央爱国卫生运动委员会有关领导同志对这个节目更是给予充分肯定和大力支持。许多电视观众打电话或写信，咨询《健康百话》播出的有关科学内容。兄弟省市电视台和有关单位纷纷要求购买和移植这套电视节目。

某广告公司帮北京 40 家三甲大医院建闭路电视之后，找到北京市卫生教育所希望提供每天十几个小时的播放内容，正好是我所在科室的事，经我们推荐,《健康百话》科普片在各大医院播出。每一小时的时间分配是：55 分钟科普，5 分钟广告。医院不花钱解决了候诊健康教育的问题,《健康百话》顺利进入到各大医院，患者在候诊过程中学到了医学科普知识，广告公司的投入得到了满意的回报，一举多得，皆大欢喜。

荣获大奖

1986 年，由中央爱国卫生运动委员会、广播电影电视部、卫生部和中国科协联合举办全国卫生电影电视片“白鹤杯”评奖活动，《健康百话》申报以后，受到评委会的高度评价。《健康百话》不是一部普通科普片，而是一个在大众媒体传播的大型系列科普电视节

1986年，协会主办的《健康百话》获得中央爱卫会、广播电影电视部、卫生部、中国科协联合举办的全国卫生电影电视节“白鹤杯”特别奖

目，颁发的是比一等奖还要高的“特别奖”。漂亮的景泰蓝奖杯，至今保存完好。

改革成果

作为《健康百话》自始至终的参与者，我亲身体会到这样一项涉及那么多单位部门的复杂社会工程，之所以能够成功创办并顺利运作多年，得益于当时国家改革开放的大环境和一系列改革开放的政策。

首先，创办这样一个大型电视系列节目没要国家投资。按当时一位主管负责同志的话说，在电视台举办这样一个系列节目，国家预算至少需要300万元。《健康百话》白手起家，不要国家一分钱经费，轰轰烈烈举办了三年。拍电影、电视是一项相当耗资的事情,《健康百话》先借钱开张，边工作边筹资，几度差点揭不开锅停办。编辑部工作班子迎着困难上，很快打开局面，经费进入良性循环，不但还上借款，还有了富余，保证了节目顺利进行。

其次,《健康百话》所有工作人员都是兼职的。我当时是北京市卫生教育所组织指导科科长兼《健康百话》编辑部主任，除了抓科里工作之外，主要精力投入到《健康百话》上。其他同志包括每一位编辑、记者、摄影师等，都是兼职或是业余进行工作的。

再次,《健康百话》是社会大协作的产物。我粗略统计，有30多名科普作协会员为《健康百话》写过脚本；有30余个科技声像协会会员单位为《健康百话》拍过片子；有二百来家工厂、医院、学校、商店、机关、街道以及居民家庭为《健康百话》提供拍摄条件，协助拍片；有数百人为《健康百话》进行过不同工作。参与拍摄的单位和个人多数都是义务的，无偿的，志愿的，摄制组往往只是一两件生活用品或小礼物表示酬谢。这些场景我几乎都在现场，亲身经历，当时就有深深地感触，这么大的工作量，这么多单位和人员参与工作，如果按着常规办事，按着通常标准付费，那是一个多么大的数字，简直不可想象。所以，从这个意义上来讲,《健康百话》是依靠社会力量办科普的一个尝试，是社会大协作取得的一个成果。

难忘的花絮

院士张金哲的一丝不苟

北京儿童医院名誉院长、小儿外科专家、中国工程院院士张金哲教授是热心科普的大家，他是北京科普作协的领军人物，也是《健康百话》的主要撰稿人和参与者。《别烫着孩子》《预防小儿气管异物》等小儿科普片，都是他参与拍摄的。清楚记得张教授亲手在塑料人体上制作烫伤水泡模型、用道具演示小儿气管异物抢救等情景。张教授还有一个特点至今令我难忘，就是他从来不在外边吃饭，无论是开会、审片，还是参与拍摄活动，一到饭点准回家。

赵忠祥配音一气呵成

《健康百话》配音多数是拍摄班子自己人员来做，有几部片子也请过名人。我记得一次在北方交通大学拍片，请到了赵忠祥，中央电视台新闻主播和《动物世界》主配音，大人物，大腕。令人没有想到的是赵忠祥非常平易近人，一点架子都没有，自己骑自行车来往，喝杯茶，聊会儿天，就开始工作。另一个使我感到吃惊的是他的高超的配音专业水平，一个 10 分钟的片子，配音文字 3 ~ 5 页，手写稿，也没事先送稿给他，拿起稿子翻阅两遍之后说“开始吧”，于是看着演播画面，直接配音，一气呵成，一遍成功。完成后观看样片，语气、情节、表达均恰到好处，效果也比一般配音高出不少。

❀ 广州拍片受到贵宾式欢迎

1985年夏，由北京电视台社会教育部主任、《健康百话》编辑部副主编孙永生带领电视台一位编导、一位摄影和我，组成工作班子，曾到广州拍片两个月。原因是广州的许多厂家对《健康百话》节目感兴趣，他们生产的需要向北方销售的药品，很希望与《健康百话》合作，拍专题片或在科普片中穿插产品介绍。广州白云山、光华、陈李济、潘寿堂等药厂都很积极。我们一边走访各厂家，一边为那些谈好的厂家开始拍摄素材。一时间在广州形成了药厂与《健康百话》谈合作、订协议、拍片子的热潮。有的厂家为了迎接我们前去拍摄，提前一个多星期，全厂召开动员大会，大搞卫生，张灯结彩，像过节迎宾一样认真。正是有了广州的这些厂家的合作,《健康百话》经费有了来源，得以顺利播出。

❀ 佩服北京电视台的李群益编导

在广州工作两个月满载而归时，发生了一件惊而无险的事。4个人的大小行李共有11件，离飞机起飞还有1个小时时，我们还在广州市北京路的宾馆里，3人收拾行李，1个人跑出去打的，一辆车不够需要两辆车。到达机场，卸完行李摆了一片，结过车费两辆出租就开走了。几分钟后办理登记手续时突然发现，最重要的一个小型手提密码箱不见了，里边装着16份包含20多万元合同的与厂家合作协议书，一大堆票据，有文字资料，有辛辛苦苦拍摄的素材带，还有少量现金等。大家一下子惊呆了，手足无措。我是负责保管那只箱子的，脑袋都大了，心想这下可摊上大事了！

这时，只见北京电视台的李群益编导不慌不忙，冷静分析片刻，跑出候机楼，直奔出租车停车场，几分钟后竟然拿着密码箱回来了。

大家喜出望外，顾不上多问，抓紧登机。平静下来后，李导说，车上两排座位上和后备箱里的行李都卸下来了，而后排座椅背后的小件物品容易被忽略。再者，出租车很多，车不可能很快离开停车场，我从出口开始往回查看，果然发现了那辆后排座椅后放着密码箱的排队等候出门的出租车，取下箱子时司机师傅直道歉，说他也没看见。

虚惊一场过后，大家不得不为李导的处事不惊、头脑冷静、抓问题要害、化险为夷的能力佩服！李导为《健康百话》立一大功。

❀ 合作企业争先恐后

与西施兰合作拍完《腋臭防治》一片后，具有同样用途的夏友品牌找到编辑部，要求拿高出一倍的费用再拍一集角度不同的除汗防臭片子。

这种场面的出现正是编辑部求之不得的。

❀ 每月一次审片会

作为电视台每周一次的固定栏目，用片量是相当可观的，每个月至少要有 4 部拍好的片子备播，同时还要有 4 部片子在拍摄，另外还要有更多的选题在写本子，定稿子，分镜头，找素材等，就是一条地道的流水作业线，环环相扣。编辑部人手不多，但在各方共同努力下，这条流水线得以顺利运转。

在流水线运转的诸多环节中，编辑部的一项重要工作是组织好每月肯定要举行的一次审片会。审片会首先要审定下个月准备播出的片子，确定下一个月的拍摄计划，同时审片会又是主办各方的联席会，研究工作、沟通信息。审片会对于《健康百话》的持续正常播出起着至关重要的作用。

举办审片会最多的地方有两处，一处是动物园的荟芳轩，一处是北海的艺苑。领导、专家、作者、编者、影视工作者欢聚一堂，上午审片，下午讨论，中午小聚。工作严肃、认真，效率极高，气氛又十分活泼，欢声笑语不断，大家心情轻松愉快。形成卓有成效的工作以及轻松愉悦的工作氛围。

30 年前的《健康百话》，是北京科普作协的一份骄傲，是主办各方的一份自豪，对于参与者个人也是一段美好的回忆。

作者简介

刘立，北京科普作协筹备创办初期的参与者，北京科普作协第一届理事会理事，第二届理事会常务理事、副秘书长。卫生部新闻宣传中心 / 中国健康教育中心原办公室主任。

1993 年被中华医学会、全国爱卫会办公室、中国科协科普部评为全国优秀医学科普工作者。

1996 年全国科普工作会议上被国家科委、中国科协授予全国先进科普工作者称号。

为了不可忘却的纪念
——回忆高士其先生

李宗浩

他曾经是一段传奇，后来成为一篇童话，也曾是唯美的诗行，但却渐渐远离了大众。近些年，他似乎被冠以中国的“霍金”才被人认识，令人遗憾。然而，他最应该被记住的名字是高士其，中国唯一的高士其，永远的高士其。

上海会议上的一句嘱托

1978 年 5 月，新中国成立后全国第一次规模盛大的科普创作座谈会在上海举行。18 日，高士其先生乘坐 13 次特快列车从北京赶往上海参加会议，从全国各地赶来参加会议的科普作家们，无一不是满怀创作热忱和安邦济世的情怀。就是在这次座谈会上，创办属于科普作家自己的组织——中国科普创作协会（即现在的中国科普作家协会）被商讨并确定下来。高老得知这一消息非常高兴，对当时既是北京的与会代表也是他的学生和助手的我说：希望北京走在全国各省市之先，要早一点成立北京科普创作协会。

上海会议期间，我便将高老的“早一点”的嘱托，告知了当时担任北京市科协科普部负责人的黄寿年。这和黄寿年等同志的想法不谋而合。会议结束后，一回到北京，大家就马不停蹄地汇报、奔波、组织，北京科普作协的筹备工作马上启动了。

北京有得天独厚的优势，汇集着众多中央在京单位和大专院校、科研院所，科普创作人才济济、热情很高，都可以成为北京科普创作协会的会员。关键是要积极组织与动员，梳理好人脉。在筹备讨论中，大家一致提名茅以升先生为理事长，高士其先生、谢冰心女士、林巧稚教授、张文裕教授为顾问，这四大顾问的邀请工作就交给了我和其他几位同志。当时我身为治病救人的医生，同时也热情关心着北京科普作协的创办工作，我们几经奔波，终于不负众望，成功完成任务。

1978年9月26日，北京科普创作协会在北京工人体育场率先成立。成立大会当天，我特地为高老向北京医院请假半天参加北京科普创作协会的成立大会。著名科学家林巧稚见到高士其、谢冰心以及到会的各界科普作家，非常高兴，表示今后会多动笔创作科普作品，要向谢冰心和高士其学习。著名文学家谢冰心则谦虚地说，自己是不懂科学的，高士其先生才是科学与文学结合的典范。

笔尖幻化活的科学

将科学与艺术有机地融合在一起，是科普创作的核心，也是科普创作成其为创作的关键所在。高士其先生认为科普作品是于读者有益的补品，但这些补品是服务于大众的，而不是属于专家的，因此要将神秘奥妙的科学化妆起来，即用浅显有趣的文字将艰涩枯燥的科学活化起来，使他们成为大众能够接受、乐于接受的科普作品。

让科学活起来，首先必须有深厚的科学素养，对科学有着准确的把握，严谨的科学性是好的科普作品必须坚守的底线。高士其先生首先是一位科学家，对细菌学有着很高的造诣。他的有关细菌的科学小品，以通俗、生动的笔调刻画了各种细菌的不同形态和特征，严谨而准确地描述了各种细菌的特性、作用及其对人类有益或有害的影响。在高士其先生的笔下，肺痨病是由一种略带弯曲的杆形细菌侵入人体肺部所造成的；白喉细菌多是头小尾胖，小棒子似的身躯，身上呈现出蓝色小点或蓝色条纹或全身皆蓝，有的分枝，像西洋字的L和V，又有些像小学生初学写字那样写的东歪西斜，很不整齐；虎烈拉即霍乱病菌是一种弯腰曲背的样儿，头上还有一根鞭毛，像清朝男子的辫子一般。

高士其先生对文学艺术的深湛钻研，也是成就他接触科普作品的必要因素。对古典文学和西方文学都广有涉猎的高士其先生，将从这些文学巨著中摄取到的营养融入了科普创作当中，在《人生的七个时期》当中，高老引用了莎士比亚剧作的内容，在《单细胞生物的性生活》中也可以见到古典名著《西游记》和《三国演义》的影子。

更为重要的是，若想让科学“活”起来，就要对生活拥有不灭的热情，将生命力注入科学当中，并将这种热情通过科普创作表达出来。高士其先生的科学小品幽默、明快，涉笔成趣，信手拈来。在他的笔下，蝴蝶是电影明星，秋蝉的鸣叫是富有节律的演奏，而学生是“国家的蛋白质”……在这里，读者看到的是通俗生动的语言、贴切有趣的比喻、拟人了的细菌，让人读后兴趣盎然、意味深长，却丝毫不见几十年缠绵病榻的痕迹。

与高士其先生多年的亲密交往，使我有机会感受高老对生活的无比热爱和对生命的顽强追求，那时我常常出入高先生居所，高先生 80 岁高龄时，因为一种新药而重新获得了书写的能力，他为此欣喜不已，几乎从早写到晚，有时半夜醒来也会要来纸笔进行创作。

无限宇宙中的一颗星

莎士比亚的《哈姆雷特》中有句台词说：“即便把我关在果壳里，仍然自以为无限空间之王！”如果躯体是桎梏灵魂的果壳，那么是什么让生命得以成为无限空间之王呢？最有可能的也许就是思想，然而这其中的执着与努力、智慧与美丽，无一不值得被我们铭记和怀念。

高士其先生是中国著名科学家、科普作家和社会活动家，中国科普事业的先驱者和奠基人，他说：“虽然我的身体为各种疾病所缠绕，但在向社会主义现代化的伟大进军中，我也要跃马扬鞭，奋勇向前，尽我的末年”。自 1935 年高士其先生发表他的第一篇科学小品《细菌的衣食住

1980 年 12 月，北京科普作协副秘书长李宗浩（左）陪同卫生部部长钱信忠（中）拜访高士其（右），并讨论医药卫生科普工作

行》开始，他便在全身瘫痪的情况下，坚持创作半个多世纪，写下了数百万字的科学小品、科学童话故事和多种形式的科普文章，引导了一批又一批青少年走上科学道路，被亲切称为“高士其爷爷”。高士其先生逝世后，中央组织部追认他为“中华民族英雄”，国际小行星命名委员会也将 3704 号行星命名为“高士其星”。

1981 年，高士其与北京科普作协副秘书长李宗浩等同志合影

在全国科普作协上海筹备会上，高士其先生做过一篇名为《让科普鲜花盛开》的发言，他写道：“我经常在思索：什么叫科学普及？啊！用生命的火焰去点燃人们思想的灯，共同照耀人类

探索自然、改造自然的伟大途径。”我常常感慨，高士其先生用自己传奇的一生谱写了一位爱国知识分子为了祖国、为了人民，终身不懈地传播、普及科学文化的生命奇迹，他为科技工作者树立了传播科学、普及科学的杰出典范，他给中华民族留下了十分宝贵的精神财富。

时至今日，高老将科学普及当成是一种使命的精神，仍然需科学工作者不断传承与发扬。

作者简介

李宗浩，浙江湖州南浔人，主任医师、教授，长期从事急救、复苏、灾害医学事业，是当代国内外有重要影响的急救专家。现任中国医学救援协会常务副会长兼秘书长，中国灾害防御协会救援医学会会长，中国医师协会急救复苏专业委员会主任委员，《中国急救复苏与灾害医学杂志》总编辑，美国心脏协会（AHA）顾问，国家卫生计生委突发事件应急专家咨询委员会委员兼医学救援专家组组长。获国务院特殊贡献津贴，被联邦德国授予空中救援总部荣誉会员。著作有《中国灾害救援医学》《现代急救医学》《现代救援医学》以及《生命在自己手中》《第一目击者》等学术、科普著作。

李宗浩既献身于医学事业，又以巨大的热忱投身于科普工作，是我国科普创始人高士其先生生前得力的助手。近年来，他在重大灾害事件发生时，不仅参加现场实践，而且在中央电视台等主流媒体直播评估，为科学普及事业做出了突出的贡献。20世纪90年代他被评为新中国成立以来有突出贡献的科普作家。2014年10月他的科普著作《首席专家李宗浩谈急救》获得第三届中国优秀科普作品奖金奖。

在人类活动的背景中思索科普创作

张开逊

科普创作是为科学赋予精神价值的创造活动。致力科普创作的学者，是人类精神领域的志愿者。他们努力理解科学，理解人类，在关于物质的知识与关于价值的知识之间，架设美妙的桥梁。

德国哲学家伊曼努尔·康德（1724—1804）曾言，“人类知识有两类，一类是关于物质的，一类是关于价值的”。人们喜欢将文化喻为人类的第二天性。这里所指的文化，是人类关于价值的知识。今天和古代的最大区别，是有了科学。现代科学是人类的生存智慧，是开创未来的依据。科学是关于物质的知识，在现代社会里，科学应当成为人类的第二文化。建立在完整知识基础上的文化，才是丰满的文化。

科普创作是人类活动不可分割的组成部分，气象万千的人类活动，需要充满生机的科普创作。科普创作应当在人类活动的历史长河中吸取智慧，以创造性方式准确诠释身处其中的世界，为人类活动提供前瞻的上位思考。

从狄德罗的《百科全书》获得启示

18 世纪后半期，在人类思想史上发生了一件大事，法国学者狄德罗（1713—1784）在巴黎编辑出版了一套《百科全书》，这部恢弘的巨著，推进了以倡导理性精神为特征的欧洲启蒙运动。为这部《百科全书》撰稿的学者，成为欧洲启蒙运动的中坚力量，他们被称为《百科全书》派。欧洲启蒙运动是继欧洲文艺复兴之后，人类精神领域的伟大进步，它奠定了现代社会重要的思想基础。

这部《百科全书》共计 35 卷，包括狄德罗主编的正篇（文字部分）17 卷，图版 11 卷，由别人主编的文字部分 4 卷，图版 1 卷，索引 2 卷。1751 年开始出版，1780 年全部出齐。它是人类传播知识努力的伟大成功。

这套《百科全书》开始出版的时候，近代科学刚刚诞生。瓦特（1736—1819）还没有发明他的蒸汽机，库仑（1736—1806）还没有发现静止电荷之间相互作用力的定律，普利斯特莱（1733—1804）还没有发现氧，拉瓦锡（1743—1794）还没有创立近代化学的理论基础。这部全书内容涉及历史、社会、政治、艺术 、哲学、科学以及关于物质资料的生产工艺。虽然自然科学仅是这部全书的一小部分，然而它的编写理念与创作原则，是人类永恒的精神财富，蕴含着人类知识传播活动成功的真谛，其中包括科学传播的真谛。

狄德罗编辑《百科全书》的理念是：选择每个领域真正的专家作撰稿人，不选什么都能写的文人；以公众可以理解的语言，讲述本学科最重要的知识，并论及知识演变的历史，及其与人类活动的关系；希望由于这部著作，使下一代更有知识，因而更加幸福。

狄德罗邀请年轻的数学家达朗贝尔 (1717—1783) 担任这部百科全书科学卷主编，并请他在第一卷出版时写了一篇长长的绪论。达朗贝尔在绪论中，表述了自己对人类知识的理解，提出了传播知识的要义。他论述了人类知识体系形成的过程，论述了各种知识之间的联系。他认为，“公众需要完整的知识”，“人类已经创造了可以理解一切知识的艺术，就是逻辑。符合逻辑的讲述，都是可以理解的”。他还认为，“传播知识，应当在实践者与思想者之间编织一条纽带，既注意物质世界与人类活动的细节，又关注细节隐含的普遍规律。使实践者有哲人气质，使思想者获得灵感的源泉”。

20 世纪的丰碑

在 20 世纪，自然科学探究的对象以及人类科学活动的方式，都发生了深刻变化。在物理学领域，科学探究步入物质世界微观尺度，人们发明了驾驭电子的方法，发现了释放核能的秘密，催生了从未有过的人类历史上两类新技术，使世界步入信息时代与核能时代。鉴于它们对人类活动的深远影响，在这两个领域的科学探索活动，由科学家的自由探索，发展成为具有明确商业与军事目标的集团与国家行为。科学对人类的影响，由自然的知识扩散转变为强制的群体意志，主流科学逐步结束自由探索的时代，以各种方式被纳入追求现实目标的计划之中。这些计划可以获得强大的资源，从科学发现到技术发明的距离迅速缩短。人们为它造了一个美丽的词——大科学时代。

当成千上万聪明的头脑在这种“大科学”中陶醉的时候，有一些人在思考着另外的问题。他们有的是哲学家，有的是科学家，有的两者都是。他们以新的方式思索科学探索活动本身，思索科学与人类的关系，思索科学与世界的明天。他们不懈传播自己的理念，视科学传播为生命的义务。乔治·伽莫夫（1904—1968）、艾萨克·阿西莫夫（1920—1992）和卡尔·萨根（1934—1996），是其中杰出的代表。

伽莫夫科学思想传播的对象既是科学共同体，又是公众。他将量子理论最早用于原子核研究，为神秘的放射性勾画清晰的物理图像；他用原子核物理学的概念诠释宇宙膨胀，提出宇宙大爆炸理论；当人们发现 DNA 双螺旋结构之后，他迅速提出，其中可能蕴含着调控蛋白质结构与功能的遗传密码，这一科学预言引领了现代生命科学。基于人们对科学的关注，他写出了一部最薄的现代自然科学百科全书——《从 1 到无穷大——科学中的事实和臆测》。全书只有 281 页，涵盖数学、物理学、化学、生命科学、地学和天文学。他以探究科学的方式写成这部书，飘逸而且透彻。

阿西莫夫具有生物化学学术背景，从教 10 年之后，成为作家。他一生出版近 500 部著作，内容涉及自然科学、社会科学与文学艺术。其中，与自然科学相关的书 200 部。他是一位博览群书的学者，笔调轻松，语言流畅，可以把一切科学问题讲得津津有味。阿西莫夫昭示着人类理解与传播知识的巨大潜能。

卡尔·萨根是一位成果卓著的行星天文学家，他观察到火星稀薄大气造成的尘暴显著降低火星表面温度，联想到“如果地球上发生不可控的核战争，灾难性的后果可能不仅是放射性、冲击波和高温，更危险的是尘埃造成的核冬天。这种持续的全球生态灾难，可能使人类不再有未来”。科学家的睿智与悲悯，使他毅然担当科学大使角色，编导 13 集电视片《宇宙》，这部惊心动魄的科学巨片在世界巡回播放，引发无数人深思。卡尔·萨根以宇宙事实表述人间理念，以科学的逻辑引出人文结论。人们怀念他，这样评价他，“卡尔·萨根有三只眼睛，一只注视着星空，一只注视着地球上真实的世界，一只注视着人类的未来”。

这三位杰出的学者，代表着三种传播科学的不同风格。他们是人类的光荣，中国同时需要这三类学者。

理解与感悟

致力科普创作，需要深刻理解物质世界运动变化规律，应当熟悉丰富的宇宙细节，认真探究人与自然相互关系的脉络。让飘逸的思绪在浩瀚的精神世界自由飞翔，感悟相距遥远事物间的高度关联，感悟隐含在知识里的哲学意蕴。感悟宇宙，感悟人生。

理解世界，是科普创作的基础。感悟万象，是科普创作的境界。

科普创作以大千世界为题材，时间跨度涵盖过去、现在和未来。

科学是历史的产物，人类科学活动永远带着历史的印记。循历史脉络讲述科学，是一条引领公众进入科学之门的捷径。人们通过自身体验逐渐理解科学的过程，与科学史的脉络非常相似。人类个体认知科学的过程，是一部浓缩的人类科学史。沿历史脉络讲述科学，应当溯历史长河之源逆流而上，设身处地探究当时的科学问题，解决当时的难题，为抽象的科学概念赋予生命，诠释科学与常识的联系。

对人类科学活动历程作云中观，是理解人类活动的一条有效途径。

纵览历史长河，可以发现人类思想史与科学史的交织，发现科学的哲学渊源，感悟“人类先有术而后有学，有真学而后有大术”，感悟“哲学引导科学，科学产生技术，技术改变社会”。这种简约、深邃的因果关系，支配着错综复杂的人类活动。

今天，人们生活在科学无所不在的世界。社会的发展、经济的繁荣、国家的富强以及个人的健康和幸福，如果没有科学参与，都将不可思议。面对现实人类需求的科学传播活动，是现代文明不可或缺的要素。涉及众多领域的科普创作，是这种传播活动的基础，是科学传播活动中信息流的源头。

面对人类活动现实需求的科普创作，应当及时出现在最需要的地方。它们应当由真正的专家撰写，不允许含糊、猜测，更不可臆断。它们应当吸纳最新的前沿科学研究成果，准确回答人们的疑惑，提出解决问题的有效建议。在公众心目中，它们等同科学共同体的发言人，是公众心目中的权威证据。

面对人类活动实际问题的科普创作，要求作者对生活、时代、科学有深刻的理解。这类科普创作的主体，应当是专业科学技术工作者。

在美国黄石国家公园，研究火山的地质学家撰写了游客中心科学博物馆的全部文稿。他们告诉公众，在 9000 平方千米的黄石公园里，看不到火山口，从宇航员在太空轨道拍摄的照片发现，整个公园是个直径 100 千米的破火山口。它在 64 万年前有过一次大喷发，火山灰几乎覆盖今天整个美国。这种喷发大约 60 万 ~ 70 万年出现一次，这里已经喷发过三次。这种毁灭性的喷发，可能在某个时候突然发生。黄石公园下方是一个 260 千米深的熔岩柱，它的上方有一万个热泉，在热泉里生活着多种耐高温的细菌，黄石公园不仅是研究地球内部活动的窗口，同时提供了一条探究生命起源的新线索。美国科学家对黄石公园的解读，丰富了人们关于地球的知识，为这个已经建立 150 年的国家公园赋予新的含义。黄石公园显赫的名声，相当大程度上是由于科学家对它的诠释。这种诠释，使人们休闲、猎奇的旅游，升华到知识、哲理与审美的意境，使黄石公园成为世界旅游者向往的地方。

面对人类活动实际需求的科普创作，不仅丰富人类文化，同时以有效的方式促进各项事业本身的发展。当科学技术专家转过身来，向公众敞开心扉，会心交流，人们将会更好地理解、感受这个世界。

人们常常使用“思想实验”探究知识，理解世界。有一种魅力无穷的思想实验，利用确定的科学逻辑与不确定的人性假设，编织虚拟人类故事，诠释人类处境，预言人类未来，以未来可能的悲剧令人反思。以这种方式传播人文理念与科学知识，具有独特的魅力。人们给了它一个不那么准确的名称——科学幻想故事。这种故事中的人性渲染，可以使人产生认同感，故事中的科学逻辑让人感到并不荒唐，值得思考。成功的科学幻想作品，可以承载相当分量的人文使命，以极具想象力的方式描绘科学的蓝图。

缺少科学幻想的科学传播活动是不完整的，创作发人深省的科学幻想作品，需要对人性更加深刻的思索，对科学更加深刻的理解，以浪漫的方式表达严肃的思想。在回顾历史，关注现实的时候，科普创作不应忘记以这种空灵的方式思考科学与人类的未来。

追寻科学的终极价值

哲学曾经两次对人类科学活动产生决定性影响。第一次出现在公元前 6 世纪，以古希腊学者泰勒斯（前 625—前 547）为代表的自然哲学家，第一次将宇宙从神话中分离出来，提出“宇宙是与神无关的独立客体，人们通过理性探索，可以理解它”。从此，真正意义上的自然科学

诞生。第二次出现在十六七世纪，探索者接受了“实验是自然科学的基础”这一哲学论断，以意大利智者伽利略（1564—1642）为代表的科学家，建立了以逻辑和实证为准则的近代科学传统。从此，人类开始用实验编织围捕自然奥秘的大网，重大科学发现相继产生，为人类缔造现代社会奠定了重要自然科学知识基础。

人类探索自然历程的第一次转折属于认识论，第二次转折属于方法论。基于这两次转折，科学开始对人类活动产生深远的影响。在科学发现的基础上产生的现代技术，承载着人类各种愿望与利益诉求，正在迅速改变世界，酝酿着不确定的未来。

现代科学技术为人类提供了历史上从未有过的创造财富的智慧，造就了从未有过的繁荣，人类赢得了从前不敢奢望的舒适与方便。与此同时，这些智慧正在被愚蠢、恶意使用，造成人类的生存危机。有人将现代科学技术比作一把神秘的钥匙，可以打开天堂之门，亦可打开地狱之门。今天，这两扇门正在徐徐开启。

20 世纪 50 年代，德国物理学家马克斯·玻恩（1882—1970）对人类未来表示深深忧虑，他认为，“现代科学技术，将使人类恶行造成的后果难以控制”。英国学者斯诺忧虑地指出，“科学文化与人文文化的分裂，将不是人类的福音”。半个多世纪过去，玻恩和斯诺的忧虑，已经成为越来越多的人心中挥之不去的阴影。

现代科学技术已经成为人们谋取军事优势与经济利益的手段，传统伦理道德，在这些急剧膨胀的欲望面前，显得苍白无力。1999 年夏天，在匈牙利首都布达佩斯举行的世界科学大会上，当时联合国教科文组织总干事马约尔博士在开幕词中说：“自文艺复兴以来，今天人们第一次怀疑科学的价值。这次大会，希望大家思考在 21 世纪，科学应该向人类承诺什么？”这次大会，不是全世界科学家在一起交流科学探索成果、切磋研究方法的集会，成为守护科学人文价值的论坛。

这是一个明显的信号，它表明人类科学活动已经进入与人文精神融合的转折时期。近代科学传统，使自然科学成为具有自我纠错机制的人类知识体系。科学智慧与人文理念融合，将使现代文明具有自己的纠错机制，为人类创造光明的未来。在哲学意义上，这将是人类科学活动的第三次转折，是继认识论、方法论之后，价值观走向成熟。

科普创作应当热情呼应这种变化，努力为知识赋予人文含义，守望科学的终极价值——人文价值。

作者简介

张开逊，国家有突出贡献的科学技术专家，中国科协荣委，曾任中国科协常委、中国科协科技与人文专门委员会主任，中国发明协会第二、三届副理事长，第四、五届理事长，第七、八、九届全国政协委员，第四、五、六届北京市科协副主席，第五、六届北京科普作协理事长，中国科普作家协会副理事长。毕业于北京大学无线电电子学系电子物理专业，致力于传感技术研究，为半导体结型温度传感器在中国工业化生产奠定了重要的技术基础，发明碳化硅高温传感器，使半导体传感器件拓展到高温领域，获国家发明奖二等奖。在传感技术领域有多项发明，获法国国防部长奖、匈牙利天才奖、日内瓦州奖、比利时王国骑士勋章和德国国际发明金质奖章。

热忱探究科学活动的哲学智慧与人文价值。曾担任公众理解科学国际会议学术委员会主席、国际发明家协会联合会执委。

在“蓄势待发”的日子
——北京科普作协工作回顾

赵　萌

难忘的岁月

时间过得真快，从 1978 年创办至今，北京科普作协已经走过 35 年了。北京科普作协诞生在科学的春天，可以说是应运而生，万众瞩目，那是多么难忘的美好岁月啊！凡是经历过那个阶段又身处科普事业之中的人，都难以忘却。

我那时刚刚调到北京出版社，参加《少年科学画报》的创刊，我的办公室对面是科技编辑部，就是后来与北京科普作协密切合作，编辑出版《家庭卫生顾问》《厂长必备》等图书的那个部门。当时的我们，都沐浴在科学的春风中，干得热火朝天。当然我还得说，光有形势，而没有人才，也是不可能成就事业的。当时的我还是小字辈，资历浅显，没有能够赶上北京科普作协的创办，但是作为科技编辑部的近邻，那个时期，北京科普作协的人在他们办公室出出进进地忙碌，是强烈感受到的，大家都知道，科普作协正在集中科学界的大腕在创作大作品。

那时候，如今如雷贯耳的那些名字林巧稚、张金哲、翁心植、郎景和、谢柏樟、阮芳赋、李宗浩等，就是他们创作组的成员。还有一个常常被提起的名字——黄寿年，似乎是他们的幕后总指挥。那好像是一个千军万马、势不可挡的队伍，驰骋在科普的处女地，开疆辟地。这样的阵势，这样的能量，这样的头脑，《家庭卫生顾问》在 20 世纪

80年代初一问世即发行100多万册，成为当年轰动全国的超级畅销书，也就势在必行了。

记忆深刻的还有，1982年中国科普作协和北京科普作协联合举办的科普培训班。学员是科普作者和编辑，集中食宿，地点好像在白纸坊，请闻名遐迩的《科学画报》主编饶中华、《航空知识》社长谢础、《工人日报》副总编孟东明等科普界的大腕来讲课。我作为学员参加了这次培训，受益匪浅，明白了科普是有理念、有思路、有方法的，避免了个人的盲目摸索，而且结识了许多科普界的老前辈和同辈的朋友。记得后来我还曾经就工作中的问题，写信给上海《科学画报》主编饶中华（他是我最崇拜的科普人，特别有头脑，有想法）请教，他非常及时地回复我，为我解疑释惑，还在他们期刊社介绍我的求知精神，得到帮助的我那个兴奋啊！

后来，我在科普编辑工作中渐渐成长，成熟，但是仍然念念不忘那个时代，那时的科普作协给予我的培养。我总是自豪地说：我是科普界"黄埔一期"的！想起来，今天活跃在科普界的，有许多是当时培养出来的学员，这些人如今已经成为中国科普的基础和栋梁，甚至已经如我般退休，长江后浪推前浪啊。也不知道后来有没有"黄埔二期""黄埔三期"？科普作协用培训的方式来为社会培养科普人才，这个方法是卓有成效的，是功德无量的，让我难忘，让我想念。真心希望今后我们的北京科普作协，能够继承这个人才培养的思路，用适合今天的方法，为中国的科普发展继续做出贡献。

科普作协的兴衰是中国科普大势的晴雨表

35年了，北京科普作协经历了创办时的生机勃勃、欣欣向荣，也经历了国家转轨阶段科普工作的日趋平淡和低潮；然后是文化单位由事业转变为企业，大家慌不择路奔市场，公益性质的科普被冷落的尴尬；再到经济生活繁荣，科技发展的成果无孔不入地渗透到人们生活的方方面面，带动科学普及以新面貌、新形式、新媒介形式的出现，

2002 年 4 月，应意大利政府邀请，在意大利博洛尼亚的国际儿童书展做大会发言

科普作协的兴衰，活生生地反映着中国科普发展的大势，成为它状况的晴雨表。

我是在 2003 年换届时，担任第四届北京科普作协秘书长的，连续两届，直到 2012 年卸任，整整 10 年。在北京科普作协的发展史上，也算是时间不短了。那时我刚刚从北京少年儿童出版社总编辑的岗位退下来，到了一个新的岗位——北京出版集团策划部，担任策划总监。可能是我在工作岗位还为科普做了一点成绩吧，我策划或者主编的几套科普图书先后获得了国家大奖:《解读生命》获得国家图书奖、“五个一工程”奖，后来又获得国家科技进步二等奖;《漫画金头脑》丛书、《红蚂蚁自然丛书》等获得国家图书奖和“五个一工程”奖，而且这些获奖图书的发行量都在 3 万套以上，实现了叫好又叫座。我既做过科普期刊，又做过科普图书，这可能就是自己被筹备组物色为秘书长后备人选的原因吧。而在之前，我仅仅是中国期刊协会、中国科普作协的常务理事。当时的北京科普作协，由于人事变动和大形势的影响，长期处于停滞状态，已经有十多年没有改选了。嗨嗨，可能是无知者无畏吧，毫无社团工作经验的我居然答应下来，当了既不专职又不坐班的秘书长，而且一干就是两届，10 年。

同一时期担任北京科普作协理事长的是我国著名科学家、发明家张开逊教授，他当时是北京市科协的副主席。我们两个人都属于不具有社团工作经验的非专职人员。协助我们工作的专职工作人员从 2 个发展到 4 个，同时担负着 4 个协会的工作，忙得不可开交。这两届的协会工作就是在这样的领导班子主持下开展工作的。现在回想起来，它有着先天的不足。

回顾北京科普作协第四、第五届的10年，我认为这时期正处在中国科普的蓄势待发期，也就是面临着文化单位由事业转变为企业，各个出版社正在慌不择路奔市场，公益性质的科普被冷落的时期，到后来，形势才开始又有变化。此时的科普作协应当怎样开展工作？

我们做了什么

首先，我认为管理一个社团和管理一个单位一样，开展工作需要有明确的思路，而这个思路，应当是符合首都定位的、具有领先全国的先进性的，同时，这个思路应当建立在调查研究的基础之上。

根据众多科普专家对当时北京科普工作的分析，我们认为，北京科普创作的优势在原创的少儿科普以及围绕社会热点问题、突发事件的应急科普两个方面。北京的原创少儿科普，以理念新、形式新、生动活泼具有启发性著称；我们的应急科普，体现出科普工作者的社会责任感，在“非典”时期，曾经在一周内创作出版《非典预防手册》，发行300多万册，获得国家的嘉奖；密云踩踏事件发生后，及时推出了《北京市民应急避险手册》，发行500多万册。这些都是北京科普创作出版的良好基础。

一直以来，全国科普工作突出的是上海和北京两个直辖市。上海的特点是引进世界科学人文名著，比如“哲人石”系列。与上海相比较，北京的弱项恰恰在科学人文这个方面。而作为首都，北京的科普创作不能够仅仅满足科普四大目标人群中一个两个人群的需要，也不能够仅仅停留在大众科普这个层面。北京的科普创作应当有一个合理的结构，应当是扬长补短的。如何做呢？科普作协开展了一系列的座谈会，邀请各界关心科普工作的有识之士参加。

在调查研究的基础上，科普作协召开了重点选题策划会，提出一整套开展北京科普创作的选题设想，就是想要通过策划，实现北京科普创作的结构合理和优质化。这个设想中，包括反映环境与人类关系

2008 年 10 月，北京科普作协首次参加了在地坛公园举办的北京图书节，用展板展示了科普作协的工作成绩

的本土原创科学人文图书《太阳风》系列，面向大众的科学生活类图书《小康家庭必备》，由当时的科协副主席田小平及北京体育局局长孙康林、北京出版集团董事长吴雨初共同策划的《与奥运同行——全民健康知识手册》，还有反映科技奥运的《五环旗下的科技奥秘》等。其中《与奥运同行——全民健康知识手册》2005—2008 年每年一册，发行 40 万册，在宣传奥运精神、宣传奥运项目以及文明观赛方面发挥了很大作用。更加重要的是，参加该书创作的大多是体育界的运动健身专家，比如赵之心、周琴璐，他们的积极参与和热心推广，推动了北京全民健身运动的开展，这是奥运带给北京市民的更大收获，其中也有北京科普作协的一份贡献。

在“补短”方面，我们努力借助专项资助和评奖活动，发现和重点扶植北京地区的科学人文项目，特别是本土的原创的科学人文图书。经过持续的努力，总算见到成果，出现了张开逊先生的《回望人类发明之路》、赵致真先生的《造物记》、金涛先生的《林下书香》，杨建邺先生的《物理学之美》、阿蒙的《时蔬小话》等获得社会高度评价的科学人文图书，并且出现了一些年富力强很有想法的优秀编辑，比如商务印书馆的余节弘、北京大学出版社的陈静、北京少儿社的李玉帼等。

当然也有不少遗憾，比如《小康家庭必备》，这个选题是参照当年《家庭卫生顾问》的思路策划的，由于当时合作的出版社看不清楚它的市场前景而犹豫不决，以致丧失了最佳出版时机。有些时候，我们科普创作的热情有了，好的策划有了，但是缺乏大的形势和需要，出版社作为投资方经营方的热情不具备，如果政府支持的力度再不够，也只能暂时搁置，这是有时候科普作协工作会陷入被动的地方。

这个时期，北京科普作协还立项开展了《北京地区科普资源调查》《北京专业科普人才培训调查》等课题，拿出了扎扎实实的调研报告，得到广泛关注与好评。中国科协科普部副部长高勘说，调查报告为北京地区开展科普工作提供了很好的基础。

秘书处工作的另一个方面，是协助市科协为做好科普专项资助和优秀科普作品评奖工作建章立制。

从 1998 年开始，北京市政府在全国首创了北京科普创作出版专项资金资助，工作由北京市科协主管，以推动北京科普的繁荣。2003 年，北京又设立了北京市优秀科普作品奖，这是一项政府奖励，由北京市委宣传部、北京市科委、北京市新闻出版局、北京市科协、北京市广播电视局共同举办。这两项工作，一个使北京重点科普图书的创作在源头的选题阶段就获得助力，另一个有助于明确优秀科普作品的评价标准，使科普创作更有方向和目标。

2004 年因策划出版《我已出发》一书，与凤凰卫视著名战地记者闾丘露薇结成好友

在我担任北京科普作协秘书长期间，作协的重要工作之一就是

发挥人才优势，为这两个项目提供服务：组织专家参加项目评审，协助市科协科普部做好重点选题的鉴别遴选和优秀科普作品的评奖。

由于北京的这两项工作都是首创，全国范围并未先例，如何开展工作也就需要摸索。当然，我们可以借鉴全国的出版物评审。起初我们就是按照出版界的评审做的，分初评和终评两个层次。几次之后感觉效果差强人意。有时候感觉不错的选题，通过了评审，获得了资助，但是书出来却是面目全非，并没有达到应有的水平。再加上当时的指导思想是尽量扩大资助面，惠及更多的创作者、出版社，就不免会“撒芝麻盐”，反而出不来有影响力的作品。

这里就涉及一个专项资助的指导思想、评审的程序设定和过程管理。专项资助的指导思想是由市科协制定的，科普作协是执行者，而怎样科学地制定评审程序、加强项目的过程管理这些具体工作，秘书处就需要负相关责任。我们组织专家献言献策，比如中国科普作协的副理事长、邮电出版社原总编辑陈芳烈提出，是否可以在初评和终评之间增加一个答辩环节，使项目负责人和评审专家能够直接见面交流，专家有针对性地提出意见建议，给予指导。这个建议很快被科协接纳，第二年就增加了答辩环节，有一些重点项目还增加了专家的全程指导，受到创作出版人员的欢迎。

还有一个环节的增设非常重要，就是在初评和答辩的环节，评委都要白纸黑字地留痕——写下自己对项目的评价：同意还是不同意资助，理由是什么，对于项目改进有什么意见建议。每一个评委都要有独立思考和判断。这样可以避免会上即兴发表意见，也避免评委之间的相互影响。尽量使评审做到公平、公正，对每一个项目负责。

2011 年 10 月，在研讨会上与副理事长、科学普及出版社原社长兼总编辑金涛先生交流

这两个程序的增加，促使专项资助和评奖活动的管理更加严谨细致，更加公平公正，也使专家更好更充分地发挥作用。后来，在市科委、市新闻出版局的项目评审中，均借鉴了这些思路和方法。也算是北京科普作协的一点贡献吧。

总之，北京科普作协秘书处在这一时期为科普创作的繁荣做了一些基础性的准备工作。

作者简介

赵萌，曾任北京科普作协第四、第五届秘书长。

出版人，参加了北京出版集团《少年科学画报》的创办，曾任《少年科学画报》主编、北京少年儿童出版社总编辑；曾经担任北京市科协委员、中国期刊协会常务理事、中国科普作协常务理事、中国健康教育协会常务理事、北京出版工作者协会常务理事等社会职务。

担任《少年科学画报》主编期间，该刊获得全国优秀期刊一等奖、华北优秀期刊、北京市优秀期刊等荣誉，版权输出到马来西亚；担任北京少年儿童出版社总编辑期间，坚持特色发展、品牌发展战略，策划的“红蚂蚁自然丛书”“漫画金头脑丛书”“解读生命丛书”先后获得中宣部“五个一工程”图书奖、新闻出版总署国家图书奖，“解读生命丛书”还于2005年获得国家科技进步奖二等奖。

享受国务院特殊津贴专家，获得国务院妇女儿童工作先进个人、首届全国百佳出版工作者、全国优秀科普工作者、首都精神文明建设奖章等荣誉。

我的底气和灵气

石　磊

我是一个幸运者，从 2000 年我第一次有缘结识北京市科协的科普创作出版资助到 2012 年，我先后 10 次获得过该项出版资助，不仅策划出版了一批优秀科普作品，而且激励我创作了几部较有影响的作品，比如获得北京市优秀科普作品奖的《放飞神舟》《月球密码》等，我自己也完成了从一名新闻记者变身为科普作者的华丽转身。

出版资助给了我底气

出版人的价值在于做有价值的东西，对于他们来说，每一次出版选题都是一次投资行为，是与市场的博弈，也是与自己智慧的赌博。由于市场的各种不定因素，特别是互联网对图书出版的影响，互联网的海量图书资源会稀释关注度，网民经历过互联网的新鲜期后，对一些图书的写作方式和炒作方式呈现审美疲劳，眼光格外挑剔，致使出版人很难准确地估量作品的市场需求和价值，因此投资暗藏着极大的风险。出版社的理性出版，逼得作者有些心虚，不知道自己的创作有没有人买单。我感谢北京市科协对科普创作的支持，这种实实在在的奖励制度，等于对出版者实施“保底”理财，对作者注入创作底气。

初次步入科普创作之途，我最忐忑不安的就是担心没人识货，没人给你出书。北京科普创作出版专项资金资助有一套严格的遴选制度和程序，通过富有经验的专家初评和终评，筛选出具有科普价值、导向正确、思路创新、文风新颖的作品，这其实是帮助出版人进行了市场调研和作品把关，也帮助作者衡量了作品的价值。得到出版资助的作品很容易找到“婆家”，我的创作便有了底气。比如，2003 年我国神舟五号飞船首次载人飞行前夕，我主创的《放飞神舟》由于题材重大、内容新颖，经过专家评审获得了北京市科协的出版资助。当时我已经被编入航天发射队伍正在酒泉卫星发射中心执行采访任务，根本无暇去联系出版社，可是有很多出版单位不知道通过什么渠道找到了我(也许是北京市科协的推荐或是出版资助信息发布的渠道)，要求出版此书，其中德国贝塔斯曼出版集团希望成为我的代理（经纪人)，帮助我寻找有影响力、回报高的出版社出版此书。我为了省事，最后把书稿给了贝塔斯曼，他们和机械工业出版社合作出版了此书。神舟五号 2003 年 10 月 16 日上午 6 点多返回地面，此时我刚刚从酒泉发射场返回北京，而《放飞神舟》一书在上午 9 点几乎与新闻播发同步在西单图书大厦和一些书城面世。我和出版社没花一分钱，

2010 年 10 月采访阿波罗 11 号登月航天员奥尔德林（左）

也没有请记者，当天中央电视台的《新闻联播》就播出了这条消息。正当中央1套、10套等主流媒体反复播放“神五”镜头的时候，这本书已成为热血沸腾的读者们的第一选择，图书的销量有3万多册。在北京市科协科普部的引荐下，该书吸引了少数民族文字出版社的关注。10天内，就被翻译成5种文字，出版了维吾尔文、哈萨克文、柯尔克孜文、蒙古文和盲文版图书，后来又被日本欧姆出版社翻译出版了日文版。加上汉文，这本书共出版了7种文字，这是科普图书中十分少见的。可见它的影响面之大，传播面之广，受众人群之多。

出版资助给了我灵气

我在获得出版资助的过程中，不仅收获了底气，更收获了灵气。参加出版资助作品遴选的专家，都是科普出版界名副其实的大腕和范儿，每次答辩，我既把他们作为挑剔读者的代言人，又把他们作为我请教的老师。回答他们的提问，就是在冶炼我的灵气，他们的帮助给我的创作增添了极大的“私人定制”空间。经过他们的提示和启发，我懂得了有人味的科普、有动感的科普是赢得读者悦读关键的道理。

我在写作《月球密码》时，就用一个有味道的月球来了场诱人的开篇。在绝大多数人的心里，月亮是甜美的，她是美女、家乡、亲人的化身，是乡情、爱情、温情的象征。而我要告诉读者的，是一个麻辣的月球。于是,《月球密码》有了这样的开头：

> 月亮在古人的心目中一直是最美好的绝代佳人，她撒下温柔的月光，抚慰人们的心灵、撩拨人间的爱情。直到17世纪初，月亮才有些烦恼，原来人类发明的望远镜给她娇媚的脸庞“毁了容”。
>
> 人类首次用肉眼近距离地细看月球，是1968年12月

24 日阿波罗 8 号第一次实现绕月飞行任务的时候。阿波罗 8 号飞船在这年圣诞节的前一天进入了 168.5 英里 ×60 英里的环月轨道。

没有想到的是，月球，这个在地球人心目中最美丽的女神，竟然长得如此丑陋。以至于虽然对月亮脸谱已经烂熟于心的航天员们，在首次亲眼目睹她的苍凉时，仍然有些心理准备不足。这是一段 40 年前地面控制中心与阿波罗 8 号飞船极有意思的一段对话——

地面飞船通信官问道："从 60 英里之外看，古老的月球是什么样子？"

航天员洛弗尔回答："基本上一片灰暗，没什么色彩，像是熟石膏，又像海滩上一种浅灰色的沙子。"贫瘠的月面，无边的孤寂让人恐惧，并让我们意识到地球上是多么丰富多彩。航天员博尔曼说："它真的是一片不毛之地，像一块被上百万颗子弹射击过的灰色钢板。"

"它肯定不像是一个工作和生活的好去处。"这就是第一批近距离目击者对可怜的月球的评价。

阿波罗 11 号的航天员柯林斯在飞临月球时说："我早已司空见惯的月球——那个挂在天空中的黄色二维小圆盘已不知跑到哪里去了，取而代之的是一个我见到过的最令人绝望而生畏的星球。它是三维的，它明目张胆地用鼓起的'肚皮'朝向我们。"人类第一个踏上月球的人——航天员阿姆斯特朗，他站在月面上说出了"个人一小步，人类一大步"的名言，却竟然想不出适当的词句来形容脚下的月宫，还是他的同伴奥尔德林为他摆脱了尴尬，奥尔德林使用的词汇是——啊，壮丽的荒凉！

很多读者读完这段描述后问我，你写月亮时，难道没有想过人们能否接受你的月亮吗？我反问，你们的感觉如何？他们告诉我，有一股麻辣感，麻感来自月球与生俱来的坑坑洼洼的面孔，辣感来自“壮丽的荒凉”这样形象而刺激的语言。

我敢说，中国的月亮一直生活在老百姓的幻境里，漂浮在中华民族心灵的爱海里。在中国人的感觉中，月亮是家常味、甜咸配（乐和泪的味道）的。而我反其道而行之，用带刺激性的麻辣味道改变一下传统的月亮，引导读者走进现代实景的月球世界，让那些亲眼近距离看到月球本来面貌的航天员告诉读者一个真正的月亮——它肯定不是一个好去处。

我想，我的“阴谋”得逞了。起码，我让读者尝到了月球的别样味道，那是他们早就知道，但没有被点化、被品味的味道。

我的月亮，就这样走进了开篇，走进了读者的视野。

当下的年轻读者生活在焦虑忙碌的动感地带，碎片化和跳跃式的阅读是他们的所爱，这种生活方式是时代进步、社会发展的“副产品”，科普作品没有道理苛求读者，只有苛求自己。图书不同于电

带领学生赴美国参加航天飞机驾驶训练

视和网络，要想让书“动”起来，让读者感到图书不是平的，我必须使尽浑身解数，尽量让字里行间跳脱出来的都是活动的语言，是动态的画面，并以此来“翻译”和解密科学的道理，给读者一种阅读的享受。

对该书首发式的报道中，很多媒体引用了书中对人类月球探测历史的描述：“人类探索、开发利用月球活动的三个阶段，被该书作者形象地谓之‘三级跳’，第一跳是去‘敲门’，即人类派出无人月球探测器访问月球；第二跳是去‘串门’，即航天员登上月球，并很快返回地球；第三跳是去月球上‘小住’，指在月球上建设月球基地，人可以住在月球上生活和工作……而我国，目前还处在第一阶段之中。”我想，这“三级跳”，无论是“敲门”“串门”还是“小住”，每一跳都会在读者的脑海里浮现动感的视觉画面。还有，我在介绍中国月球探测历史时，使用的提示语是“中国，从叹月到探月”，这是一幅从静态到动态变幻的影像，人们很容易产生李白月下独酌和火箭升空奔月的联想，白纸黑字可以产生出“蒙太奇”的效果。

在描写月球的基本知识时，我大量采用“流行语”拟人写法，比如月球自己不发光，反射太阳的光，我就说月球的性格是“给点阳光就灿烂”；月球上布满了撞击坑（也称环形山、月坑），我就告诉读者，月球属于“疤痕性体质”；月面上受阳光面与背阴面的温度相差约300℃，被我形容为月球的体温“一半是火焰，一半是冰水”；关于月球的起源和月球与地球的关系，我把科学家众说纷纭的各种推论，用月球的“家庭出身”和“社会关系”来分别阐述。月球被人格化了，月球的知识“动”了，月球也就“活”了。

我是在航天一线采访多年的新闻记者，在北京市科协科普出版资助的支持下，锻炼成为了有一定的科技“翻译”能力和煽情本领的科普作者。在感谢北京市科协提携的同时，我想，为了更好地进行科学传播，我的笔还不能休息。

作者简介

石磊，原中国航天报社总编辑、中国宇航出版社副社长，全国优秀新闻工作者、全国百佳新闻工作者，科普作家。现任中国科普作家协会国防科普委员会副主任，中国科学院老科学家科普演讲团团员。

长期从事航天新闻出版工作，多次参加导弹、火箭、卫星研制发射的新闻报道，全程参与载人航天工程神舟一号到神舟五号飞船研制发射的采访，见诸书、报、刊数百万字。先后主持、参与国家重点出版项目三项，写作航天科普图书近20部。著作《神箭搏苍穹》《放飞神舟》《月球密码》等获全国优秀科普作品奖，策划编辑的钱学森《导弹概论手稿》获国家原创出版工程奖。2012年参加中国科学院老科学家科普演讲团至2015年，以载人航天、月球探测和走近钱学森为主题面向公众讲座200多场。

笔耕入协会　天高任鸟飞

郭　耕

多年来，参加各种社会活动或媒体采访，总被人生搬硬套地戴上一些头衔，什么动物专家、环保专家，我都很反感，人要有自知之明，我知自己既非科班出身，也无高深水平，根本算不上什么“家”，充其量就是什么“者”，动物保护工作者，环境教育工作者，科普工作者，但每每不被采纳。我想，非要叫个什么家，那就叫科普作家吧，毕竟也撰写出版了几十本书。感谢科普作协，使我好梦成真，这些年，北京市科协既支持了我《鸟兽物语》《鸟语唐诗300首》等书的出版，还为我们提供了一个作者与编者屡屡直接见面的机会和平台，更授予我“有突出贡献科普作家”称号，有了这个称号，一举两得，不必谁任命你“科普作家”，据此殊荣，你不但成为了一名科普作家，而且还是有突出贡献的科普作家，名正而言顺呀！

我和珍·古道尔

孰为科普作家？我个人理解，科普作家首先就是作家，有多册著作问世，具体写了几本书，算是作家，没有规定，但我真为偶然出过一本书就大言不惭称自已是作家的人汗颜。科普作家跟作家的根本区别是，科普作家不仅要遵循写作规律，还要遵循科学规律，如果你不遵循科学规律，可能是个作家，但不能纳入科普作家的行列，比如某些作家，写动物故事的书，书中虚构和离奇的成分太多，动物世界不可能发生的事，都被妙笔生花地写出来。我们可以对动物的各种行为做出不同解读和独到的判断，但不能编造行为，所以，我觉得这类书影响越大，误人子弟的问题越严重。作家，特别是科普作家的责任在于“科学，求其真；道德，求其善；艺术，求其美”，一样儿都不能缺。

说到创作感受，我曾表白，既然家父给我起名叫“耕”，那就不能辜负老人家的厚望，必须笔耕不辍。当初，用作文纸写稿，爬格子，屡投不地，感谢《大自然》杂志最初接受我那无比青涩的稿子——《无线电考察岷山虹雉》；感谢科学普及出版社接受我的处女作《世界猿猴一览》，尽管是自费出书，记得当年编辑称我为作者时，我都激动万分。之后，笔耕不辍，连年耕耘，以平均每年一本的速度著书，尤其是2013年，竟有五本新书问世，如今，读书行路，且行且思，文思泉涌，有感而发……读书与写作，已成为我的思维习惯和一种生活方式，前不久，一个出版社的老总约我为读者写几句感言，于是我就写下这样一席话：“读书，是我格物致知的精神食粮；写作，使我惜物护生的个性张扬。”

回味个性张扬的作品很多，最近的、印象最深的、有感而发之作就是这首诗《假如我是一只鸟》，作品产生的背景是这样的，2013年春季，赴湖北京山参加爱鸟周活动，举办地的爱鸟护鸟气氛极其隆重热烈，可谓旌旗招展，人头攒动，载歌载舞，喊声震天。领导出席，嘉宾如云，这样举全县之力树爱鸟风气，实在是难能可贵！的确，京山之下的一个镇叫三阳，当地既有中小学生观鸟蔚然成风，更有本地老乡护鸟之习俗传统，所以在三年前我来此观鸟，耳闻目睹后，至为感动，挥笔成文《湖北三阳，观鸟天堂》，后来此文有幸被纳入当地小学的教材中。而此行京山发现，他们竟把这句话改成“湖北京山，观鸟天堂”，我实在不敢恭维，难道上级就这样随意地拿走和占用了下级

的招牌？再说，也不押韵呀。还是书归正传，在京山举行爱鸟周盛会的次晨，我早起观鸟，行至火车站后面，在其派出所附近发现一张粘网，上面挂着几只死鸟，于是，我以派出所为背景，拍下了这幅极不和谐的画面。回到住处吃早餐时，我还对刚才目睹的情景耿耿于怀，甚至在给同伴们念叨这件事时，就不住地说，假如我是一只鸟，希望你不光对我歌唱，口头颂扬，还应从具体行为上爱护……并且掏出手机，将这些发自内心、真情流露的话语，整理成诗句，记录为短信，在回程的火车上，反复推敲，字斟句酌一番，便形成了如下这篇诗文形式的作品。

《假如我是一只鸟》

假如我是一只鸟，
不仅希望你为我歌唱，
更乞求你拆去罗网。

假如我是一只鸟，
不仅希望你挥洒画笔，
更乞求你遏止杀机。

假如我是一只鸟，
不仅希望你为我舞蹈，

更希望得到相安无事的祈祷。

假如我是一只鸟，
不仅希望得到你的赞美和膜拜，
更乞求你高抬贵手，免开尊口，
不抓、不吃、不笼养、不买卖。

假如我是一只鸟，
感谢你对我做的一切好意善举，
我会以加倍的美好回报，
给你更多的莺歌燕舞，鸾凤和鸣！

假如你真想“让鸟自由飞翔”，
就请销毁夹子、毒饵、枪弹和笼网，
作为“美丽中国”会飞的名片，
我会用双翼托起生态文明的希望。

加入科普作协这些年，我的写作激情和创作欲望如火山爆发，似岩浆喷涌，先后出版的科普著述有:《世界猿猴一览》(1994年)、《灭绝动物挽歌》(1999年)、《鸟兽的绝唱》(2001年)、《鸟兽物语》(2002年)、《猿猴亲子图》(2003年)、《鸟兽悲歌》(2005年)、《鸟语唐诗300

首》(2006年)、《天地狼心》(2007年)、《兽殇》(2008年)、《哺乳动物》《动物与人》(2009年译)、《天人和谐:生态文明与绿色行动》(2010年)、《中国博物馆探索游:麋鹿苑》(2010年)、《地球伦理》(2011年)、《读古诗看生命》(2011年)、《西顿动物故事》(2012年)、《故事中的科学(动物)》(2013年)、《心系鸟兽》(2013年)、《猿猴那些事》(2013年)、《十二生肖探险之旅》(2013年)……这里既有自己勤奋笔耕的成分,更有包括所在单位和科普作协在内的各界支持的结果,可以说,行路读书,心系自然、面向社会、依靠协会,我的科普写作才走向了更广阔的发展空间,所以,小文题目"笔耕入协会,天高任鸟飞"。

作者简介

郭耕,北京麋鹿生态实验中心副主任,高级经济师,专职自然保护科教。中科院科普演讲团成员。中国科普作协常务理事。北京市科协委员。

成果与奖励:

1996年,林业部科学技术进步二等奖;

1999年,全国科普工作先进工作者;

2005年,北京市劳模;

2007年,中国科普作家协会授予"有突出贡献科普作家";

2008年,北京奥运会火炬手;

2009年,所著《鸟兽物语》获得北京市科学技术奖三等奖;

2012年4月获市科委、市委宣传部、市科协共同颁发的科普先进个人称号。

我与科普的不解之缘

范春萍

回想起来，我可以算是老科普工作者了。从1996年进入出版界算起，也已经累积了近20年的科普工作历程。如果把此前顺带做的一些可以算得上科普的工作加上去，那时间还要长许多。可是细想为什么会走上这条路，真是个令人费解的问题。

按家传，我更有理由走上一条人文相关工作的道路。我的父亲是搞创作的，母亲是做语言学研究的，父母都是严格意义上的科盲，家中没有与科学相关的遗传细胞。能说得出的有决定作用的影响，就是儿时读过一本终生难忘的科普书、高中时遇到了特别好的物理老师。可是我儿时读过的文学书更多，初中和高中的语文老师也都不错。为什么一读科普、一学物理就陷落呢？

做科普研究，寻找科普人才的成长规律，常使我想起自己的经历。

这其中起决定作用的究竟是什么？看来，或许得从基因层面才能找到思维模式的规律，要不就只能从文化层面，解释为机缘了。

当年，朱志尧先生一本《宇宙的

秘密》科普小书，把我引上了科普阅读的道路；高中物理老师孙首先先生的精妙物理课，又把我引上了科学学习的道路。或许也是父母的基因最后起了作用，我学了

物理却没能成为科研工作者，而是做了不少跨越两界的科普工作。

与北京科普作协的机缘，可以看作我与科普机缘的延续。

与北京市科协的交道，大概得从北京市科协科普部的工作人员白鹤说起。当时，白鹤参加了北大科学传播中心举办的一个科学传播的讲习班，了解到国际上一些科学传播经典著作的重要性，且知道我当时正在与北大科学传播中心策划一套相关的丛书。她就很积极地想要支持这套书的出版。

那大约是2003年，我来北京理工大学出版社工作不久，对立项资助的事情懵懵懂懂，不知过程中发生了什么情况，总之所立项目名叫“科学与社会”，而这五个字只是丛书中一本书的书名。这套书后来出版时叫“北大科学传播丛书”，包括大名鼎鼎的《怎么当一名科学家》《公众理解科学》《科学与社会》《科学技术论手册》《在理解与信赖之间》五本书。

这套丛书可以说是中国引进的第一套成系列的科学传播理论著作，虽然是标准的小众读物，但对科普理论界的影响还是不小的。

从那以后，北京理工大学出版社成为北京科普作协的团体会员，我成为这个团体会员的代表人。大约是2008年起，我不再是北京理工大学出版社的代表，而是以个人名义，成为北京科普作协的理事。

参加科普作协的事情多了，也与市科协科普部、科普作协秘书

处的多位领导、老师熟起来。科普部方面，由白鹤起始，逐渐认识了科普部的刘芳、霍利民以及历任的张江民部长、何丹部长、闫仁浩部长，还有科协的周立军主席。科普作协这边，赵萌老师、蔡涤华老师、刘丁丁老师、潘秀芳老师、张式贤秘书长，还有早年就认识的、科普作协的上一届理事长张开逊先生。

最熟悉的还是科普作协上一任秘书长赵萌老师。在科普出版方面，她是我的前辈，也是我的榜样，又是我的忘年至交。我从赵萌老师身上学到很多东西。

此后，我的科普出版工作又得到了科普作协的许多支持和帮助，我自己也作为科普专家参与了北京科普作协包括立项评审、验收、课题指导、科普宣讲等在内的许多工作。科普作协成了我的一个心灵家园。这里有朋友、有同道，共同做着大家感兴趣的事情，也形成了北京科普出版的一股力量。

说实话，我是个有社交木讷症的人，对人名记忆困难，但却得到这个群体的热情接纳。说起这一长串的名字，真有无比的亲切感和幸福感。

学会、协会，作为行业共同体，是近代以后社会发展的重要组织形式之一，科普作协是科普创作、出版者的行业共同体。北京科普作协是活跃度很高的行业共同体，对团结科普创作人员、凝聚科普创作力量、聚集科普创作资源、推动北京市的科普创作发展方面做出了不可磨灭的贡献。

我有机缘与北京科普作协交集、共事，实为我人生一大幸事。

作者简介

范春萍，北京科普作协理事，编审职称，从事科普图书出版20余年，也有一些科普写作。

先后毕业于东北师范大学物理系、吉林大学哲学系，获得理学学士、哲学硕士学位，历任教师、记者、图书编辑、期刊编辑，后重新融入教师队伍，从事科技伦理和工程教育方面的教学科研工作。现任北京理工大学学术期刊办公室副主任，《北京理工大学学报》（自然科学中文版）副主编，北京理工大学教育研究院研究生导师。

从事图书出版工作期间，积极开发科学普及和环保图书选题，出版过《21世纪100个科学难题》《保护环境随手可做的100件小事》，"支点丛书""大美译丛""盗火者译丛""芦笛曲丛书"，以及包括《寂静的春天》《增长的极限》《只有一个地球》《我们共同的未来》等在内的"绿色经典文库"系列丛书等，在出版界、读书界、环保界赢得赞誉。

获得过国家科技进步二等奖、五个一工程奖、中国图书奖、中华优秀出版物奖等多项国家及部委级奖项。

难忘的电话　难得的书缘

尹传红

作为一名尚还年轻的“老”科普工作者，我涉足科普的年头虽说不短，但真正结识北京科普作协和北京市科协，时间其实并不算长。然而，回望这十几年来我与协会打交道的一段段经历，及至与科普相关的一件件事情，却令我十分感怀、感恩。

且让我从一个个难忘的电话说起。

那是 2002 年的一天，北京少年儿童出版社副总编赵萌老师给我打来电话说，她一直关注着我给《少年科学画报》撰写的每月专栏“科幻城堡”，觉得以这种方式介绍科幻名著创作背景、社会影响及其与科技发展的关系，很有创意，也很有意义。她同时还提出了将我的专栏文章汇集成书的具体构想。随后，通过她和北京少年儿童出版社领导刘子君、赵彤等的努力，很快就争取到了北京市科普创作出版资金的支持。

在申报北京科普创作出版资金的过程中，编辑和出版经验丰富的赵老师对图书框架、编排方式等都给予了悉心指导，让我受益良多。不过，纯粹是由于我个人的原因，那会儿暂时还不能按照原来的设想写成系列书稿。除了时间、精力因素，我深感苦恼的是应该如何表述，使其少一些知识硬块，更适合少儿读者阅读?

恰逢此时，我上海的一位朋友匡志强博士来访，谈及他正在策划一套书，试图打通科学与人文，将历史、科学、文学、艺术等各种文化融会贯通于一体。听我说到创作中的苦恼，他建议我不妨撇开做系列的想法，往后放一放，先做一部“成人版”试试。这样，有了一个总纲式的东西，再作细化或通俗化，创作“少儿版”系列书稿，相对来说就会容易一些。

我尝试着先把“成人版”图书做了，创作出版《幻想——探索未知世界的奇妙旅程》一书，旋即得到几个意想不到的收获：先是在出版两年后的2009年，入选上海市优秀科普作品；紧接着，问鼎2010年度上海市科学技术进步奖（系唯一一部获得该年度这一奖项的科普作品）；2012年，又荣膺由国家科技部评出的30部全国优秀科普作品。多家媒体报道称该书在创作理念与写作手法上有着诸多创新和鲜明特色，是“科学与人文融合的范本”“近年来为数不多的通俗科幻理论读物之一”。

现在想来，当初如果没有赵老师的提携、匡博士的指点以及北京科普创作出版资金的激励，我的这本科普代表作绝无问世的可能。事实上，撰写专栏文章并以此为基础创作《幻想》一书，真正促使我开始了对科学幻想作品的系统研究和思考。在此过程中，我实现了由一个单纯的科幻爱好者向一个有目标、有见识的科幻研究者的角色转换。

那是2003年的一天，著名发明家张开逊教授给我打来电话说，他将出任新一届北京科普作协的理事长，希望我也能加盟其中，发挥自己在媒体工作的优势，为推动北京科普事业的发展尽些心力。我愉快地接受了邀请，并当选为常务理事。

学者风范的张教授非常重视科普创作理论的构建和学术交流。这些年里，我多次参加由张教授倡导、北京科普作协组织的相关研讨活动，得到不少启迪，也增长了许多见识。我专职的科技新闻报道工作和业余的科普创作实践，从中受益匪浅。

那是2008年的一天，中国科普作家协会副理事长陈芳烈前辈给我打来电话说，北京市科协要将“首都科学讲堂”的演讲内容进行打理，编撰成系列图书，他向协会推荐我担当重任。随后不久，协会联系到我，邀我参加图书策划会。正是在这次会上，我第一次见到北京市科协的周立军副主席——本届北京科普作协的理事长，由此展开了延续至今的友好交往与合作。

难忘在这 6 年多的时间里，我作为副主编与担任主编的周副主席，就由“首都科学讲堂”演讲内容转化而成的《名家讲科普》系列图书，进行了一次次深入而又详细的探讨，其中关涉新时期科学普及的新观念、科学传播运作的新模式以及如何有效整合首都科普资源、提升公民科学素养等话题，并达成了许多共识。而我通过协助周主编统筹、加工文稿，也熟悉并积累了许多科技领域的知识，并应用于我的采编业务当中。

同时我也十分欣喜地看到，得到北京科普创作出版专项资金资助的《名家讲科普》系列图书，出版后受到了社会各界的广泛赞誉和认可，并荣获第四届北京市优秀科普作品最佳科普图书奖和中国科普作家协会优秀科普作品奖提名奖，专家们评价它做到了思想性、科学性、实用性与通俗性的较为完美的结合。

那是 2013 年的一天，北京市科协科普部原副部长、北京科普作协副秘书长张式贤老师给我打来电话说，“金色杯”第一届北京优秀科普作品征文已经启动，希望我能配合开展相关的宣传和培训工作。我非常高兴地接受了邀请。在后来的日子里，张老师积极联络并亲自开车，陪着我去往北京理工大学、北京农学院做了科普创意与优秀科普作品评析的专题讲座。

针对征文活动的开展，我在讲座中通过具体的案例和作品分析，就如何有效发掘科普创作的题材、科普作品的创作模式和规律、从事科普创作的准备与学养、科普作品的立意与提升等话题展开了论述，并提出了科普创作中值得注意的若干问题。出于对我的信任，征文评委会又委托我对评奖结果进行梳理、汇总，并对获奖作品做了点评。

十多年来，我还多次受邀，担任北京科普创作出版专项资金资助项目评审会的评委，并出任协会策划组织的科普图书《科学观察》的副主编、《我们的科幻画》的编委和撰稿人，大大丰富了我的科普实践。

与北京科普作协结缘，是我的荣幸，也是我的福分。

作者简介

尹传红，1968年生。《科技日报》主任编辑，中国科普作家协会常务副秘书长。作为策划人、撰稿人和嘉宾主持，参与了中央电视台、北京电视台多部大型科教节目的制作，并多次担任嘉宾主持。承担了《上帝粒子》《先天后天》《社会生物学》《激光如何偶然发现》《不羁的思绪——阿西莫夫谈世事》等20余部中高级科普图书的校译、编辑工作。多年来担任中国科协、北京市科委、北京市科协等多个科普项目的评审人。

曾被授予国家科委青年业务标兵、全国优秀科技工作者、中国科普作家协会四大以来有突出贡献的科普作家、北京市科学技术普及工作先进个人等称号。在多家报刊开设个人专栏，已发表新闻及科学文化类作品逾170万字。著书7部:《幻想：探索未知世界的奇妙旅程》《星星还是那颗星星——科学随想》《吃的困惑：由转基因引发的食品安全话题》《樱桃树上的梦想》《漫游》《假象》《穿梭时空》。

作品多次获奖，科普代表作《幻想：探索未知世界的奇妙旅程》于2009年被评为上海市优秀科普作品，2010年获得上海市科技进步奖三等奖，2012年获科技部评出的全国优秀科普作品奖。参与科技部科技计划科普化示范项目《基因的故事：解读生命的密码》，获2013年度国家科学技术进步奖科普类二等奖。

营养科普的一路求索

——我与北京科普作协

范志红

说起我和北京市科普作协的结缘，看似只是两年之前的机遇，实际已是多年的期待。

早在 1992 年，刚硕士毕业的我接受了平生第一个任务，为《新十万个为什么》的食品分册写稿。作为从小迷恋《十万个为什么》的读者，这个科普任务让我非常兴奋。

这套书是在科学普及出版社出版的。通过和出版社的人交流，我才知道，原来科普还有一套机构，有科学普及出版社，有科普作家协会。不过，即便知道这些，我当时也没想过自己可以加入科普作协。

由于父亲酷爱买书，我在小学和初中期间就读过几十本科普书籍，涉及数学、物理、化学、天文、生物、医学等各种学科，这在当时可称得上是一种奢侈。在我心目当中，只有像阿西莫夫、叶永烈那样的人，才称得上科普作家。

不过，或许真是这些科普书潜移默化的影响，我从中学开始就尝试把课堂上枯燥的科学概念，替换成一些有意思的表达方式，来和同学交流。学习食品营养之后，在学校图书馆中几乎把能找到的相关书籍都翻了一遍（好在那时候图书馆相关书籍也就几十本），看到其中一本英文专业书中写了这样一段话：营养学的科学研究就像一座高山，仰之弥高；而大众的饮食行为就像另一座高山，难以撼动。而营养教育，就是沟通两者之间的一座桥梁。如果营养学的研究结果，不能促成大众饮食行为的改变，那么它的社会价值也就无从实现。

我掩卷沉思良久，暗暗地立下一个志愿：我要做那个架桥的人，把我所学到的营养知识告诉民众，把高深的研究结果讲给大家，让人们都能改变错误的饮食习惯，把三餐吃得营养平衡。于是，我毕业后不久就开始了写营养科普文章的尝试。

当时的食品营养科普还处于初级阶段。大部分文章的套路是这样的：先罗列一下食材的各种营养素含量，蛋白质多少，维生素 B1 多少，维生素 B2 多少，维生素 C 多少……再说一下这种食材的传统保健功效，比如清热解毒，还是补中益气，适合什么季节吃，适合什么人吃。另一个常见的套路是，先说缺什么维生素会产生什么症状，然后告诉读者吃什么食物来补充，通常会列举各种食物的含量数据，把含量高的放在前面。

显而易见，这样的写法枯燥乏味，令人厌倦。读者感觉每种食材都有很多保健价值，然后迷失在一大堆完全搞不清多少的营养素数据当中。而另一方面，读者在那些补充营养素的文章中，也总是看到少数几种食物，于是以为营养食品非它们莫属，比如只有柠檬、橙子和番茄富含维 C，只有猪肝富含铁，只有香蕉富含钾，等等。因为作者们都从有限几本国外翻译来的科普书上抄数据，抄食材，不了解食物营养的全貌，也不懂得膳食平衡的基本概念。

我于是开始探索如何把科普文章写得好看一点。先抓住某个读者感兴趣的问题点，然后讲述涉及它的知识点，其中自然地列举少量相关数据，最后给出可操作的

建议。同时，语言上尽量浅显生动一些，风格根据杂志的要求，或时尚，或亲切。这种方式很快就得到了报刊的认可，而且慢慢地成了气候。

随后，各种新的挑战又不断出现。随着人们对健康的关注，各种说法越来越混乱。其中除了少数学术争议问题之外，有的是不同版本知识之间的碰撞，有的是不同角度不同国情不同体质的差异，有的是商业误导，有的则是为了吸引眼球而夸大其词的说法，或者编造出来的耸人听闻的不实消息。于是我花费很多时间，给大众解释各种流行说法为什么不正确，错误在哪里，哪些是误导。

在解释各种混乱说法的过程中，我逐渐发现自己的知识太浅薄、太有限了，而一篇科普文章的说服力也太有限了。为了找到足够可靠的消息，我经常查阅国内外的最新研究文献。为了提高人们的信任度，又首创了在科普文章中添加文献出处的做法，至少这会让有一点科学素质的人感觉更为信任。同时，我深感大众缺乏科学思维能力，于是在博客文章写作的时候力图对混乱说法抽丝剥茧，把一个问题的各个角度、各个层次都逐一分析清楚。“你可以不信我，但希望我所做的分析能够说服你，因为你有逻辑，讲道理”。

从 2006 年到 2014 年，8 年来我发表了 800 多篇科普文章，还结集出版了若干本科普书籍。很多营养师表示，他们是我的“博客大学”的学生。而我也把写科普博文作为我的天职，不仅为大众，即便只为那些自己很难接触到最新文献资料数据的普通营养师们，也是有意义的。

回想自己的科普过程中，新媒体的发达给我提供了更多的机会。从只有报刊约稿，到自己随心所欲地撰写博客文章供读者挑选，再到微博、长微博和微信。我的读者越来越多，转载的网站和报刊也越来越多，还有读者的大批转发。一些我学生辈的年轻作者也逐渐走上健康科普的道路，在新媒体时代迅速地展露才华，这也令人深感欣慰。

2012 年，在赵仲龙和赵萌两位老师的介绍下，我终于加入了北京

科普作协。在协会的帮助下，还和赵仲龙老师合作申请了科普书写作项目《舌尖上的营养》。在暗自惭愧之余，也深深感觉到，能有机会和大批卓有成就的科普作家们交流，学习做科普的方法和理论，这真是一件既荣幸又快乐的事情，又有一种“找到组织了”的亲切感受。

加入科普作协这件事，并不仅仅是增加了一个头衔，而是一种很大的责任和动力。原本只是随便写写文章，讨论读者关心的各种问题，并未严格要求自己的写作内容和写作方法。然而，以科普作家的标准要求自己，我的目标就不仅限于写一些零碎文章，更期望能够写出一些涉及食品营养的经典书籍。

看看自己此前的书籍作品，都感觉不尽如人意，远远不能给人们以饮食健康问题的有效答案。我迫切感觉，好的营养科普书籍，要能够让读者不再迷茫于各种细节，能够全面地理解饮食健康的基本内容，找到改善健康的可靠思路和方法，改变不利于营养平衡的各种错误做法。如此想来，压力也就随之而来，更感觉到自己的思维还需深入，知识还需扩展。

同时，如何在本职工作以外以及照顾原有的博客、微博、微信的同时，又有足够的精力来写作精品科普书籍，也是一个极大的挑战。我深感自己往往疲于奔命，顾此失彼。

好在有那么多的科普作家朋友们一路同行，有协会的帮助和激励，我将竭尽此生精力，以改善国民健康为目标，在食品营养科普的道路上，勤奋求索，无悔此生。

作者简介

范志红，中国农业大学食品学院营养与食品安全系副教授，食品科学博士。中国营养学会理事，中国食品科技协会高级会员，北京科普作家协会理事。中国科协聘烹饪营养首席科学传播专家，北京市卫生局聘北京健康科普专家，中国烹饪协会聘公众膳食健康指导专家，中国老年学学会老年营养与食品专业委员会专家，北京市人大代表。

出版食品营养科普书籍 20 多本，在全国 20 多个电视栏目作为主讲嘉宾出镜超过 800 集，为中央国家机关和各地市民大讲堂做健康饮食讲座一百多场，为报刊撰科普稿 800 多篇。

2012 年度被新浪网评为最具网络人气的健康专家，2013 和 2014 年被《北京晨报》评选为北京健康榜样人物。

关于科学和人文的一些感想

吴海云

自20世纪60年代以来，西方知识界掀起阵阵质疑现代科学的思潮。至20世纪80年代，这些思潮也引起了我国很多知识分子的反响和共鸣。近十几年来，在我国，国学热更是日渐升温，而以道家思想为代表的传统神秘主义思想，则在公众和知识界中，借助传统媒体，特别是新媒体，广为传播，其与现代科学思想的冲突也日益凸显。这些现象，亟须我们科普创作者们面对和反思。

无论在西方还是在我国，对科学的怀疑和批评思潮，最突出和广泛的领域之一，是现代医学。而对现代医学科学的批评，常常是诟病现代医学以还原论为基本方法，从而导致人文精神的缺失，并据此呼吁复兴传统医学。在此，我原结合自己在医疗领域的经历，谈谈个人关于科学和人文的一些感想。

2010年初，我出版了一本杂录《交个医生做朋友》。其中的许多篇章是对医学人文关怀的呼吁。一位我敬慕的中央美术学院教授读了这本书后给我发来短信，说了很多鼓励的话，末了，她说："确实如此，医学的最高境界就是艺术和人文关怀。"

对她的鼓励，我很感激。但她最后的一句话，却使我有些不安，我觉得自己的书中，可能很多意思没有阐述清楚。实际上，我希望表达的本义是，现代医学首先是一门科学技术，而且，由于医学是一门和我们的健康、生活质量，甚至生存攸关的科学，我们更应该强调它的科学和技术属性。我给这位教授写了一份电子邮件，内容抄录如下：

近些年来，只要讨论到我国的医疗服务，便民怨沸腾。探究其中的原因，很多人归因于我国医疗界人文精神的缺失。这种说法，确有其道理，但我觉得偏于片面。医学最主要的职责，是维护和促进人们的健康，为病人解除病痛。在现代医学出现以前的千万年中，医生们虽然也承担着这个角色，但却几乎没有什么真正有效的方法。因此，传统的医学基本上只能提供人文关怀。科学引入到医学，使其发生了翻天覆地的变化，我们有了许多确切有效的预防、诊断和治疗疾病的方法。然而，医学和医疗机构的过度技术化，也确实带来了很多问题。有些人由此对现代医学提出批评，产生怀疑甚至痛恨，转而宣传或求助于神秘的古代医学。这使我想起沃尔特·惠特曼的一首名诗：

一堂天文课

当我听那位博学的天文学家的讲座时，

当那些证明、数据一栏一栏地排列在我眼前时，

当那些表格、图解展现在我眼前要我去加、去减、去测定时，

当我坐在报告厅听着那位天文学家演讲、听着响起一阵阵掌声时，

很快地我竟莫名其妙地厌倦起来，

于是我站了起来悄悄地溜了出去，

在神秘而潮湿的夜风中，一遍又一遍，

静静地仰望星空。

天文学家秉承科学精神，揭开星空的神秘面纱，但诗人对此感到厌倦，他宁愿隔绝于这些科学的知识，从而能陶醉于星空的神秘。这是科学和艺术的矛盾。星空的科学知识，和我们的日常生活毕竟没有很多

直接的关系，诗人可以保留他个人的浪漫情怀，有人宁愿相信嫦娥、玉兔和桂花树，拒绝承认月球上是一片荒漠，你可以说他很浪漫。但医学并非如此，医学常常要拒绝浪漫的情怀。

我觉得我们国家医疗服务的问题，除了体制和医务人员的职业精神外，还有个重要的问题，就是科学精神，而不是人文精神的缺失。现在媒体上最热闹的，就是养生保健大师非常吸引大众的各种娱乐化表演。我相信这些“大师”当中，至少有部分人，并不是纯粹为了赚钱，而是真相信他们自己灵感闪念得出的稀奇古怪的保健方法，有些人甚至还真能提供一些“人文关怀”。当我们的亲戚、邻居、朋友，向我们推荐某种无效甚至有害的保健品、养生方法、特效偏方时，大多数情况下，他们都是出于关怀之情。这些媒体，这些电视、报纸、图书，这些关心我们的亲朋好友，缺少的主要是科学精神。而医学，只有秉持科学精神，才能提供最实在的人文关怀。在缺乏科学精神，特别是科学的批判精神的环境里，过分强调医学的人文性，会使医学滑向玄学。我们现在的媒体，特别青睐玄学家们，很大程度上，是由于大家对目前的医疗服务不满意。但医疗服务的问题，更多是由于医疗体制的问题，我们却把这些问题，归结于现代医学本身的问题。另外，现在医疗行业中，除了江湖“大师”的泛滥外，对病人损害更严重的，是过度诊断、过度医疗，这其中的主要原因，并不是科学本身的错误，而是科学精神的缺失和科学知识的缺乏。

十几年前，我当时所在的科室，新开展一项射频消融治疗心律失常的手术。有一次我们治疗一个右室旁道的病人，几个人背着沉重的铅衣，围在病人身边，忙乱了五六个小时，却茫无头绪。我们不停温言细语地安慰病人。我们给病人送去了很多人文关怀，病人也对我们很感激，虽然忍受着长时间的 X 线照射和强迫卧床的痛苦，却反过来不停地安慰我们这些态度和蔼的医生们。后来我们请来一位专家，不到半个小时就解决了问题。这位专家平时性格暴躁，也从不忌讳收取红包。他的人文修养可以说很欠缺。但至少在某些场合下，科学技术比人文修养，对解决一个具体的医学问题更为实用。

因此，我觉得，医学首先是一门科学技术，其次，你可以说它是一门艺术，一种文化，或一种人文关怀。

作者简介

吴海云，医学博士，解放军总医院心血管内科主任医师、《老年心脏病杂志（英文版）》执行主编，中国老年医学学会资深顾问，中国科普作家协会常务理事，第六届北京科普创作协会副理事长兼秘书长，中国科协学术期刊优秀论文评审专家，卫生部健康管理师职业培训工作委员会专家，中华健康管理学分会教育与培训学组副组长，中国医疗保健国家交流促进会健康服务专业委员会副主任委员，中华全科医学分会健康教育学组组长，《健康管理》杂志主编，《中华保健医学杂志》《中华健康管理学杂志》《中华全科医学杂志》及《中华老年多器官疾病杂志》等杂志编委。

将科普进行到底

蔡皓东

科普作协成立 35 周年，邀我写一篇文章，这使我想起这些年我做科普的经历和体会。

我的职业是临床医生。以前我认为，病人生了病，我给他们看病，做出正确诊断，开出药方，治好了他们的病，我就是一个好医生，根本没想到科普工作。我做科普工作是从为医院办网站开始的。

2000 年以后，我国的互联网逐渐深入百姓家庭。于是，我建议医院开办网站。医院把网站建设的任务交给了我。2001 年，北京地坛医院网站正式成立，成为北京市第 5 家拥有官网的医院。我非常高兴，精心维护和建设我们的网站。我开通了医院网站信箱，开始在网上回答网民的来信。每天，我都能收到许多网民和患者的来信，问我许多问题，向我寻求帮助。有一次，我接到一位女孩的来信。她告诉我，自己从小感染乙肝，但肝功能一直正常，现在要参加工作，却因为乙肝被单位拒绝；为了治疗乙肝，她跑了许多家医院，吃了许多药，但都没有把乙肝转阴。我回信告诉她，目前没有能彻底清除乙肝病毒的药物，肝功能正常的乙肝病毒携带者可以正常工作，不用治疗；而且，日常工作与同事接触，不会造成乙肝病毒的传播。我向她要来单位领导的信箱，给单位领导也写了一封长长的信，讲了许多乙肝的科普知识。一个月以后，我接到乙肝女孩的来信，她高兴地告诉我，单位领导终于同意她在那里工作了。这是我通过邮件为病人办成的第一件事，我高兴极了。在和网民网上交流的过程中，我逐渐发现，公众对健康科普的需求远比药物的需求大得多，有些药物不能治好的病，科普却能治好。作为一名医生，我有责任把这些知识告诉老百姓。我开始爱上了科普工作。

2003 年，一场突如其来的“非典”疫情席卷了我国。百姓的恐慌、社会的传言，铺天盖地。这使我意识到，只在信箱里回答几位网民的问题是远远不够的，只在医院网站中写几篇科普文章看到的人也很少，我应该让健康科学普及到家家户户。于是，我开始向报纸、杂志投稿。最初，我的文章写得并不好，常常被退稿。这时，我参加了《身边的传染病故事》《传染病，你知多少？》等科普图书的编写工作，接触到许多科普作家和科普作协的两位赵老师（赵仲龙老师和赵萌老师），他们给了我很大的帮助。在和他们一起创作的过程中，我的文章越写越好，在报纸杂志上发表的文章也越来越多。我加入了科普作协，科普创作成为我的第二职业。

这个第二职业让我深深地感到了一种责任，一种比医生治病还重要的社会责任——把防病治疗的知识告诉更多的人，让更多的人保持健康，不得病。就是因为有了这种责任感，我在网上开了博客、微博，建立了自媒体平台，使我的科普文章能更快地让百姓看到。就是因为这种责任感，使我不仅为病人治病，还特别关注公众的健康问题和误区，疾病流行的信息。只要发现问题，尤其是出现了传染病疫情，我会立即写出科普文章，使老百姓在第一时间听到科学的声音。2013 年初，北京的甲型 H1N1 流感病例又开始增多，并且出现死亡病例。北京市卫生局于 1 月 6 日发布疫情公告，我立即写出了科普文章，于 1 月 7 日上传到我的博客中，并在 1 月 9 日的《健康报》上发表。1 月 10 日卫生部召开新闻发布会，新闻发言人邓海华用我的科普文章回答了中外记者提出的北京甲流疫情问题。我的科普文章能在新闻发布会上为中外记者释疑，这更使我感到科普工作的光荣和重要。

这个第二职业促进了我的学习和进步。科学发展突飞猛进，防病

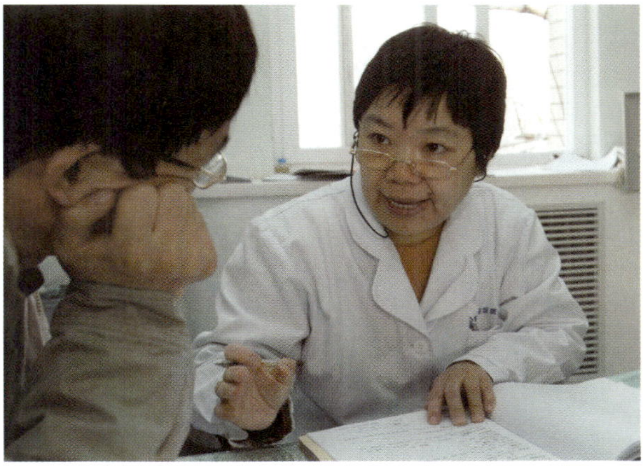

治病知识不断翻新，许多传染病都是新发现的，对于这些新知识和新传染病，不仅百姓不知道，我们医生有时也了解得很少。科普文章是给百姓看的，科学性和准确性非常重要，不能出错，出错则会误导百姓，也会让我的文章失信。于是，我写每一篇科普文章都像写论文一样认真，常常要查阅大量文献，看看我写的内容国内外有什么进展，我的观点是否有依据。2009 年全球甲型 H1N1 流感大流行，我查阅了 2000 年以来我国甲流流行的 84 篇文章，发现学校是甲流预防的重点，立即写了一篇《“甲流”为何青睐学生》的文章发表在《健康报》上。我的文章引起上级领导的重视，叫停了暑期夏令营，加强了学校的甲 流预防措施，这篇文章也因此获得北京市卫生局 2009 年科普一等奖。

这个第二职业给我的事业带来进步。在长期和患者、网民的通信和交流中，我发现乙肝的母婴传播和乙肝患者的生育问题是乙肝病人最关心的问题。但由于乙肝的抗病毒药物都是近几年来上市不久的新药，这些药物在乙肝青年生育期间的安全性不仅是病人最担心的问题，也是医生最棘手的难题，而且在全球罕有研究。于是，我开始专门研究乙肝患者的生育问题。我联合了医院妇产科医生，建立了乙肝抗病毒治疗期间生育妇女的数据库，逐渐积累病例，并通过邮箱联系更多的乙肝患者。几年下来，我们数据库中的病人增加到了 600 多例，并利用这些数据在国内外发表了多篇论文，其中 2 篇论文发表在 SCI 期刊。我也成为全国知名的研究乙肝生育的专家。我的科普帮助了病人，也同时获得了智慧，得到了专业上的提升。

这个第二职业加强了我和患者的交流，使医患关系变得更加亲密。我爱我的病人和网民，无论他们在天涯海角，无论他们会不会到我门诊看病，只要有时间，我就会通过网络与他们谈话，为他们答疑，帮他们解决困难，为他们解开心结。我越“爱他”(@)，网民就越“爱我”，我的身边围满了“粉丝”，我每发表一篇文章，每说一句话，都会收到无数网民的鼓励和追捧；每到节日，我的信箱都会收到无数祝福，有时还会惊喜地收到鲜花。这是网民给我的力量，没有领导的强迫、命令，没有领导的督促和奖励，但我非常快乐。

我们医院的年轻医生问我为什么能做出成绩。这使我想起中国著名的企业家、阿里巴巴集团的主要创始人马云的话。他说：“在当今世界上，要做得比别人好太难了。因为技术已经很透明了，你做得到的，别人也不难做到。但是现在选择别人不愿意做、别人看不起的事，我觉得还是有戏的。”科普工作十分辛苦，都是利用业余时间，几乎没有几个医生愿意做。因为科普不属于医生的日常工作，也没有人要求医生一定要去做，全靠自觉、自愿完成。但老百姓需要科普，老百姓看得见科普。科普是医生的责任，也是一项非常公益和高尚的工作。几年的科普写作使我的科普能力明显增加，我不但成为许多报刊最受欢迎的科普作者，而且还写出了《身边的传染病故事》《传染病，你知多少？》《漫话肝炎》《漫话艾滋病》《漫话脂肪肝》《带你读懂“慢性乙型肝炎防治指南”》《慢性肝炎合理用药242问》和《乙肝青年婚育宝典》等许多科普图书，成为了小有名气的科普专家，还获得了许多科普奖。我的博客受到老百姓欢迎，5年来的点击率达到了280万；我的文章受到媒体关注，被许多报刊刊登或转载。科普工作使我赢得了人气，赢得了信任，赢得门诊患者盈门，赢得我事业上的进步。

科普作协成立35周年，我谨写此文庆祝。用我这些年做科普的经历和体会告诉年轻的医生们，不要以为科普这样的小事不值得我们去做。越是这些小事，越是这些没人愿意去做的小事，往往越能做出成绩。从小事做起，做别人不愿意做的事情，日积月累，总会做出成绩！希望有更多的医生加入科普作协，将科普进行到底！

作者简介

蔡晧东，北京地坛医院主任医师，《药物不良反应杂志》副主编，北京科普作协理事。从事传染病临床工作35年，平时主要从事临床医疗和科研工作，热爱并积极参与科普宣传。在搜狐网站上开有科普博客，并经常在各种刊物上发表科普文章。

为科普创作架桥铺路

何　丹

北京科普创作协会是1978年6月中国科协召开全国科普创作座谈会后，于当年9月率先成立的。35年来，北京科普创作协会伴随着改革开放成长。在波澜壮阔的时代大潮中，在首都科普事业创新发展的进程里，科普作协始终在北京市科协的领导下，为科普创作人才大有作为架桥铺路，为繁荣科普出版推出精品力作搭台助力，为提高全民科学素质贡献智慧和力量。

北京科普创作协会自成立以来，会员每年创作出版科普图书几十部到上百部，有3部作品分别获得了中国图书奖、中国出版政府奖、国家科技进步二等奖；11部作品获得了全国优秀科普作品奖，29部作品获得了北京市优秀科普作品奖。其中《家庭卫生顾问》总印数超过1000万册，影响十分广泛。

北京科普作协云集了一批德高望重的科普大家，在他们的旗帜下，协会秘书处通过举办现代工程师进修班、月末笔会、科普征文、交流培训、参观考察等形式多样的活动，培养新人、提携后备，科普创作队伍不断发展，群众基础日益扩大。

北京科普作协通过媒体开展科普宣传是科普作协的看家本领。多年来北京科普作协创办《大众科学》广播节目140期,《健康百话》电视片120部，并在报纸、期刊开办了科普专栏、专刊等贴近百姓的科普栏目，这既体现了科普作协的专业价值，也扩大了协会的社会影响。

首都全民科学素质行动的深入开展，给科普作协参与科学素质行动提供了广阔的空间。协会组织会员常年活跃在基层，通过科普讲座、交流互动等多种形式服务大众。在科技周、科普日、科学嘉年华等大型科普活动上，科普作协组织的科普作家与读者面对面始终场面火爆。

北京市自 1998 年起设立了科普创作出版专项资金，共资助优秀科普作品 249 部，总金额达 1750 万元，专项资金资助项目的评审工作始终由北京科普作协承担。负责连续六届北京市优秀科普作品评选工作，共评选出 240 部优秀科普作品。今年以来，北京市开展科学家进校园活动，作协组织科普作家到小学进行报告讲座 160 多场，受到了广泛的赞誉。

北京科普作协已经走过 35 年的发展历程，工作中我们深切体会到协会要保持旺盛的生命力必须坚持党的领导，以科学普及为己任，以创作科普精品服务大众、服务会员为使命，勇作推动科普事业发展的排头兵，首都全民科学素质建设不可替代的重要力量。

党的十八大开启了全面建成小康社会实现中华民族伟大复兴中国梦的新征程。首都北京作为国家的政治中心、文化中心、对外交往中心和科技创新中心，使命光荣，责任重大。全民科学素质建设作为重要社会基础工程，越来越受到党和政府的高度重视，对科普的要求和投入越来越高。新形势、新要求、新任务，既给科普作协发展带来前所未有的机遇，也面临严峻挑战。

不久前，我们做了北京地区科普创作人才队伍的现状调查，数据显示，北京地区科普创作队伍数量常年保持在千人以上，为全国第一。但与北京市的庞大人口数量相比，仍然显得十分不足，每万人拥有科普创作人员仅为 0.6 人。对于大多数兼职从事科普创作的人员来说，科普创作只是个人爱好，难以以此维生。科普创作队伍流失严重。科普作品表现形式跟不上时代的变化。

立足现状，追求梦想。北京科普作协将从首都定位和工作实际出发，努力在以下几个方面进一步加强和改进工作。

一是进一步壮大协会组织。协会要吸纳更多会员，尤其是思想活跃的、年富力强的青年科学家、大学生和科技记者、编辑，同时开展针对性科普创作专业培训，为他们的创作和出版保驾护航，力争会员数量特别是骨干力量大幅增加，科普作品的数量和质量全面提高。

二是加强和改进协会秘书处工作。秘书处是协会的中枢和发动机，秘书处强协会就有活力，秘书处慵懒涣散协会必定没有希望。秘书处强与弱关键在人，要顺应改革大势，抢抓政策机遇，选好人，用好人，创造好的条件，保护好他们的工作积极性。

三是以创新的思维推进协会工作。协会未来生存发展必须与国家的社会改革同步，政府职能转移，法治社会建设，必将深刻影响社会团体的组织方式、行为方式、管理方式。被动适应不如主动创新，协会今后要更加主动融入社会，依法履行社团法人责权，承担法律责任。同时，科普作协又必须考虑组织自身的特殊性，我们主要做人的工作，联系科技工作者这一特殊群体，服务公众科学普及公益事业，因此在传统与现实、自由与制度、市场与公益之间，需要全新的思维与设计，以推动科普作协在时代大潮中，奋然前行，勇立潮头。

作者简介

何丹，高级工程师，北京科普作协第五届理事会常务理事，第六届理事会副理事长兼法人代表。历任北京市科协科普部副部长、北京市全民科学素质领导小组办公室副主任、北京科普发展中心主任、北京科学中心筹建办公室主任。

长期从事科学普及工作，曾负责北京科普创作出版专项资金资助工作，现负责第六届理事会的日常管理工作。作为项目的选题策划和立项人，组织编写了《城镇职工科学素质读本》《农民工科学素质读本》等。作为主要编委参与的《名家讲科普》(中国对外翻译出版社，2009)丛书，获中国科普作家协会优秀科普作品奖提名奖、第四届北京市优秀科普作品奖嘉作奖。

第四部分

大事记

大事记，记大事。以时间为线，梳理北京科普作协35年来开展的重要工作及取得的重大成绩。

No. 1 1978 年 9 月 26 日，北京科普作协成立大会在北京工人体育场礼堂举行，150 多位代表参加了成立大会，被协会聘为顾问的高士其、林巧稚、张文裕、谢冰心四位知名人士以及中国科协领导出席了会议。同日，选举产生了北京科普作协第一届理事会。北京各电台、电视台、报社等主要媒体的记者参加了会议。

No. 2 1978 年 11 月，北京科普作协创办的首次月末笔会在北京民族宫举办，近百名会员和新闻出版单位的人士参加。

No. 3 1979 年 6 月，北京科普作协与北京广播电台科技组合作创办了面向公众开展科普宣传的《大众科学》栏目。1979 年播出节目 48 期，1980 年播出节目 201 期。

No. 4 1980 年 2 月，《家庭卫生顾问》由北京出版社出版，该书由 96 位医学界各个学科的带头人或专家参加编写，主编是著名妇产科专家林巧稚。该书共 13 章，55 万字，得到了广大公众的欢迎和好评。

No. 5 1982 年 5 月，北京科普作协编写的《厂长必备》由北京出版社出版，受到全国几十万企业领导干部的欢迎，该书先后印发 74 万册。1987 年，该书获中国企业管理协会全国企业管理论著奖。

No. 6 1984 年 6 月 30 日，北京科普作协第二次会员代表大会在北京举行。北京科普作协理事长茅以升出席了会议，中国科普作协理事长温济泽和副理事长王麦林到会并讲了话，北京科普作协第一届理事会副理事长仇春霖作了工作报告，副理事长卞德培作了修改章程的报告，会议选举了第二届理事会成员，仇春霖为理事长。

No. 7 1984年8月13日，北京科普作协召开二届第二次理事会议，仇春霖主持会议。会议就坚持举办月末笔会、开展科普宣传等工作进行了研究部署。

No. 8 1985年1月，北京科普作协与北京科技声像协会、北京市卫生教育所、北京电视台等单位联合举办《健康百话》节目，在北京电视台播出100部。1986年，《健康百话》获中央爱卫会、广播电影电视部、卫生部颁发的白鹤杯特别奖。

No. 9 1985年2月8日，北京科普作协召开二届第三次理事会议，仇春霖主持会议。会议总结了1984年的工作，通过了协会组织整顿工作方案。

No. 10 1985年6月，北京科普作协理事会选举王政人、刘立、宋东生为参加北京市科协“三大”代表，王政人为“三大”委员候选人。

No. 11 1985年7月12日，北京科普作协召开二届第四次理事会议，听取了组织整顿工作汇报，通过了整顿后的会员名单，并就发展新会员进行了研究讨论。

No. 12 1986年1月29日，北京科普作协召开二届第五次理事会议，听取了秘书处1985年工作报告和组织工作的总结，通过了新会员名单，制订了1986年协会工作计划。

No. 13 1986年3月，《现代工程师手册》由北京出版社出版。该书被中央电视大学认定为全国工程技术人员继续教育教材，被北京市职工读书指导委员会列为推荐图书。

No. 14 1987年4月，北京科普作协与北京科技记协及25家新闻单位联合举办首都科学与文明知识竞赛，共收到答卷8万多份，评出546名获奖者。

No. 15 1988年9月23日，北京科普作协举行成立10周年庆祝大会。全国政协副秘书长、中国科普作协副理事长叶至善，中国科普作协副理事长王麦林，中国科协普及部部长、中国科普作协秘书长章道义，北京市科协副主席邢天寿等领导参加了会议。会上，理事长仇春霖作了题为“深化改革，振兴科普创作事业”的重要讲话，并表彰了一批10年来为繁荣首都科普创作做出贡献的会员。

No. 16 1991年2月12日，北京科普作协在北京召开了第三次会员代表大会。中国科普作协常务副理事长章道义、中国科普作协秘书长柴淑敏、北京市科协党组书记王兆熊等领导出席了会议。第二届理事会副理事长卞德培代表第二届理事会做了工作报告，周舜武代表组织工作委员会做了修改会章的报告。大会选举产生了第三届理事会，其中第二届理事会有24名理事当选为第三届理事会理事，新当选的理事25名。在第一次理事会上，选举韩作黎为理事长。

No. 17 1991年4月28日，北京科普作协召开三届第二次理事会议。就开展国际减灾十年活动、组织科普创作、组织笔会等通过了有关决议，并决定成立对外联络工作委员会。

No. 18 1991年8月，北京科普作协策划、组织创作的《小学生手册》由北京出版社出版，受到了老师、家长和学生们的欢迎。

No. 19 1991 年 10 月 9 日，北京科普作协在《北京日报》《北京晚报》《北京科技报》开辟了“普及减灾知识，增强防灾意识”专版，面向公众开展减灾防灾科普宣传。

No. 20 1992 年 4 月，北京科普作协组织 50 余名专家和科普作家编写的《现代妇女实用家政手册》由燕山出版社出版。

No. 21 1992 年 10 月，北京科普作协按照北京市社团办的要求，履行了法人团体的相关手续，解决了经费、办公地点、办公人员等必备条件，通过了审批，成为法人团体。

No. 22 1993 年 3 月 13 日，北京科普作协召开第三届第四次理事会议，听取了 1992 年工作报告，研究讨论了 1993 年协会在新形势下的工作，提出了在市场经济条件下协会改革的几点意见。

No. 23 1993 年 6 月 5 日，北京科普作协在《工人日报》《北京科技报》以“只有一个地球、一齐关心、共同分享”为主题，组织科普漫画、科普文章专版，配合世界环境日科普宣传活动。

No. 24 1995 年 12 月，北京科普作协组织编写的《迈向 21 世纪科普丛书》由广东教育出版社出版。该书第一辑有 7 册，共 70 万字。这套图书于 1997 年荣获第十届中国图书奖。1999 年 8 月，北京科普作协组织编写了丛书第二辑，共 5 册。

No. 25 1998 年 2 月，北京市政府设立了北京科普创作出版专项资金，每年拿出 100 万元资助优秀科普图书和音像制品的创作出版。北京科普作协承担了该专项资金资助项目的评审工作。

No. 26 1998年9月26日，北京科普作协召开了协会成立20周年庆祝表彰会。北京市科协副主席辛俊兴参加了庆祝会。协会副理事长卞德培代表理事会作了发言，他总结了20年来协会取得的成绩。经协会第三届理事会研究，表彰了20年来为繁荣首都科普创作做出贡献的53名会员。

No. 27 2003年3月6日，北京科普作协第四次会员代表大会在北京出版集团多功能厅召开，会员代表100余人到会。著名发明家张开逊教授当选为协会新一届理事长。马真等70人当选为理事，周舜武等3人当选为监事，朱乃正、何泽慧、张金哲、龚育之、陈建功5位著名科学家、社会科学专家、作家、美术家被聘为协会顾问。

No. 28 2003年3月，完成第一届北京市优秀科普作品奖评选，评出最佳科普图书、报刊文章和广播电视作品，推荐参加第五届全国优秀科普作品奖的复评。

No. 29 2003年5月，“非典”肆虐期间，北京科普作协联合中国健康教育协会，组织专家创作了《农村预防非典66问》录音带，由北京音像电子出版社出版发行。

No. 30 2004年2月12日，在北京理工大学出版社举行了科学家与科学传播——费曼科学思想研讨会，在京的科技界、教育界专家学者和从事科学传播的资深记者等30余人到会。

No. 31 2004年5月，召开了与北京市科协、北京市新闻出版局、北京出版集团联合主办，中国对外友好协会参加的法国引进版科普图书《巨眼》丛书的首发式暨中法科普交流会，法国出版商、法国科普作者、法国大使馆文化官员、国内知名科普专家参加，围绕中法文化，进行了热烈研讨。会后法国作者、中文译者在王府井书店现场签名售书。

No.32 2004年9月5日，在索尼探梦馆举行以“保护孩子的科学兴趣和求知欲”为主题的少儿科普论坛。到会专家30余人，专家从尊重孩子、了解孩子、尊重孩子的个性三个方面，讨论了如何保护和鼓励孩子的好奇心和求知欲。

No.33 2004年9月，承办了由北京市科委、北京市科协、北京市人事局主办的2004年北京市科普工作先进集体、先进个人表彰评选工作，共评出50个先进集体，110名先进个人。9月组织了科普先进工作者50余人前往西部参观考察。

No.34 2004年12月中旬，在北京科技活动中心举行科幻百年回顾与新趋势研讨会，通过回顾百年科幻的发展进程，探讨科幻创作的现状，对科幻创作的发展进行全面、深刻的探讨、反思、促进，鼓励新一代科幻作者开拓思想，勇于探索。

No.35 2005年5月，完成第二届北京市优秀科普作品奖评选工作，共评出最佳科普图书5部，优秀科普图书8部，最佳科普文章4篇，优秀科普文章10篇，最佳科普广播电视作品3部，优秀科普广播电视作品8部，并在北京科技周闭幕晚会上进行了颁奖。

No.36 2005年9月，北京市科普作协组织北京市优秀科普作品奖获奖单位代表及获奖作者80余人参加北京市科协科普部组织的科普考察。

No. 37 2005年10月，北京科普作协组织创作的科普图书《五环旗下的科技奥秘》《全民健身科普知识手册》《苦恋今生——科苑情》先后出版。

No. 38 2006年5月，参加过南、北两极科学考察的著名专家位梦华教授为广渠门中学的200多名青少年做了精彩的“南北两极与人类未来”的科普报告。

No. 39 2006年5月，组织会员参观在自然博物馆举行的主题为“从另一个视角认识莱昂纳多·达·芬奇”意大利科技展览。

No. 40 2007年3—5月，完成了第三届北京市优秀科普作品奖评奖和表彰工作，共评出最佳科普图书5部、科普文章4篇、科普声像作品3部；优秀科普图书10部、科普文章11篇、科普声像作品8部，并在科技周闭幕式上对获奖作品代表进行了表彰。

No. 41 2008年3月27日上午，在北京科技活动中心召开了第五次会员代表大会，会员代表60余人到会。会议通过了第四届理事会工作报告、修改章程的报告和监事会工作报告，并选举张开逊先生为新一届理事会理事长，完成了换届任务。

No. 42 2008年7月19日，中国科技馆原馆长、北京科普作协副理事长王渝生先生在中国科技馆A馆报告厅向公众做题目为“科学的昨天、今天和明天”的科普讲座，这是协会首次派专家为社会公众做科普宣传。

No. 43 2008年9月26日，举办了北京科普作协成立30年纪念活动暨学术报告会。会上为黄寿年和仇春霖同志颁发了荣誉理事长证书，为苏刚等理事颁发了荣誉理事证书。张开逊、黄寿年、王渝生、郭耕四位同志就怎样做好科普创作工作作了发言，与会同志还就新时期科普工作的特点、科普创作发展的历史等进行了广泛交流。北京市科协和中国科普作家协会的领导到会表示祝贺。

No. 44

2008 年 10 月，参加了第八届北京图书节。在 10 月 19 日科普游园主题日活动期间，举办了优秀科普图书展览展示、专家咨询、动手参与科普小实验等丰富的活动，受到游人的欢迎和好评。

No. 45

2009 年 3 月，受北京市全民科学素质工作领导小组的委托，协会组织创作出版了《农民工科学素质读本》（三册），并通过多种渠道发放给来京务工的人员，为他们学习科学知识、尽快熟悉城市环境以及在打工期间保证自身安全、健康、文明等方面提供了帮助。

No. 46

2009 年 3—5 月，受北京市科协科普部的委托，完成了第四届北京市优秀科普作品奖的征集与评选工作，共有 18 种图书、9 篇报刊文章、8 部声像作品以及 29 篇科技新闻稿获奖。

No. 47

2009 年 10 月，在新中国成立 60 周年之际，北京科普作协组织专家对北京科普创作出版专项资金资助出版的图书进行优选，并制作成大礼包的形式发放到基层。同时还将北京科普创作出版专项资金实施十余年来的工作情况进行了梳理并制成了宣传页，为今后该项工作的宣传推广打下了基础。

No. 48

2009 年 12 月 16 日，与北京市科协科普部联合在北京出版集团多功能厅召开研讨会，并邀请国家新闻出版总署出版管理司选题备案处处长王然就目前全国科普图书的创作出版情况以及受到关注的选题方向做了专题发言，北京新闻出版局图书处副处长马峥介绍了北京市科普创作出版的有关情况。

No. 49 2010 年 3 月，协助北京科普发展中心完成“低碳生活　节能减排”展览的脚本编写。该展览先后在陕西省、北京市、黑龙江省、浙江省等地区巡展，参展观众约 15 万人次。

No. 50 2010 年 10 月 20 日，举办了优秀科普作品赏析会，约 60 多位科普作者、科普编辑等科普工作者出席了会议。中国科普作协副理事长金涛先生就优秀科普作品应具有的特点、特征并结合刚刚结束的全国第一届优秀科普作品奖评选情况以及新闻出版总署“十二五”国家重点图书出版规划项目评审情况进行了专题发言。他强调优秀科普作品应有原创性、反映科技前沿最新进展，提出科技要与人文结合，最好由科学家写作，内容要贴近人们生活等。

No. 51 2010 年 11 月 25 日下午，在中国科技会堂 B104 会议室，北京科普作协与北京科技声像工作者协会联合举办培训活动，邀请中国科教影视协会副秘书长、北京电视台科教频道原主任陈虎先生作“科学节目的创作与市场”的专题报告。

No. 52 2011 年 3—5 月，完成第五届北京市优秀科普作品奖评选、表彰等组织工作，共有 20 种图书、18 篇报刊文章、10 部声像作品以及 30 篇科技新闻稿获奖。

No. 53 2011 年 10 月 27 日上午，在北京出版集团六楼会议室召开科普创作经验交流会。中国少年儿童新闻出版总社编辑部主任王洪涛、《父母必读》主编徐凡作专题发言，《国际太空》

主编庞之浩作了“美丽的天宫我的家——中国载人航天的现状与未来”的报告。在这次会议上，为表彰著名天文学家李元教授在科普事业上的成就，经协会理事长和副理事长研究决定，为李元教授颁发奖杯和证书。颁奖仪式后，与会的同志还听取了李元教授的感悟发言，深受启发。

No. 54

2011 年 11 月 9 日，按照北京市民政局的要求，协会接受了评估小组的评估。赵萌秘书长作了综合汇报，朱进副理事长、蔡涤华副秘书长回答了评估小组的调查询问，最终北京科普作协被评为 AAAA 级（AAAAA 为最高）。

No. 55

2012 年 5 月 6 日，北京科普作协第六次会员代表大会在金龙建国温泉酒店召开，会员代表 70 人参加了大会。大会选举周立军为理事长，钟制宪、吴海云、朱进、赵致真、何丹、庞之浩等 6 人为副理事长，吴海云兼任秘书长，何丹兼任法定代表人。新一届理事会聘请协会原理事长张开逊为名誉理事长，聘请金涛、王渝生、王直华、陈芳烈、李元、郎景和等为顾问。

No. 56

2012 年 6 月，创办《会讯》。为了加强与会员的联系与沟通，通报协会工作，倾听会员意见和建议，建立会员通讯制度。

No. 57

2012 年 9 月 15—21 日，北京科普作协参加了全国科普日北京主场的第二届科学嘉年华活动，展示了历年来北京科普作协及会员为繁荣北京科普创作取得的成果，荣获 2012 年北京市全国科普日特色活动奖。

No. 58

2012 年 10 月 8—10 日，周立军、郭耕、庞之浩、吴海云、朱进、赵萌、何丹等 7 人代表北京科普作协参加了中国科普作协第六次全国代表大会。会上，周立军当选为中国科普作协副理事长，郭耕、吴海云当选为常务理事，庞之浩、朱进当选为理事。大会还颁发了第二届中国科普作家协会优秀科普作品奖，北京科普作协副理事长赵致真的《造物记——世博会的科学传奇》和理事郭晶主编的《科普童话绘本馆》荣获优秀奖；北京科普作协理事长周立军主编的《名家讲科普——科学的真相》、副理事长兼秘书长吴海云的《交个医生做朋友》、常务理事郭耕的《读古诗　看生命》、常务理事王一方的《人的医学》、理事石磊和左赛春主编的《神舟巡天——中国载人航天新故事》以及北京市全民科学素质工作领导小组主编的、协会副秘书长蔡涤华和理事蔡浩东编写的《农民工科学素质读本》荣获提名奖。

No. 59

2013 年 5 月，完成第六届北京市优秀科普作品奖评选的组织工作，最终 8 种科普图书、6 篇报刊科普文章、4 部广播电视科普节目和 10 篇科技新闻获得最佳奖，13 种科普图书、12 篇报刊科普文章、6 部广播电视科普节目和 20 篇科技新闻获得优秀奖。

No. 60

2013 年 9 月 12—16 日，协会和中国科普作家协会、科学普及出版社及《知识就是力量》杂志社共同参加了在北京奥林匹克公园举办的第三届北京科学嘉年华活动。活动期间开展了 4 场公众与科普作家面对面的交流活动。我国天文科普事业的开拓者李元、清华大学教授刘兵、新媒体新技术研究人杨再石教授、我国太空美术第一人喻京川，与公众共同分享了科学阅读与创作的美好体会。

No. 61

2013 年 10 月 22 日，在北京出版集团十二楼会议室举办优秀科普作品点评与赏析讲座。讲座特邀第六届北京优秀科普作品奖评委、北京大学医学部王一方教授对获奖作品和当前科普创作出版的趋势做了题为“好科普，好在哪儿”的专题报告。同时还邀请了两位在科普出版一线工作的青年编辑介绍了工作体会。

No. 62 2013 年 11 月，创建协会会员 QQ 群，使协会服务职能更加凸显。QQ 群号：2383612259

No. 63 2013 年 12 月，完成北京市优秀科普征文活动，共征集各类科普作品 285 件，评出特别奖 5 名、一等奖 3 名、二等奖 6 名、提名奖 85 名。获奖作品经过查重后公示确认。

No. 64 2014 年 3 月，协会将近年来北京市参加全国青少年科技创新大赛获奖的 100 余幅青少年创作的科幻画精品汇编成册，由科学普及出版社出版。

后　记

组织编写《在改革开放中前行——北京科学技术普及创作协会35周年历程》一书是协会周立军理事长倡导的。北京科普作协作为北京市最早成立的协会之一，35年来伴随着改革开放的大潮不断成长、壮大。把协会的发展历程记录下来，让更多的新会员了解协会历史，承前启后，开拓前行，是协会的重要任务；同时，编写此书，也为协会发展的沿革留下宝贵的史料。

在北京市科协的支持下，协会2013年年底组成了本书编委会，开始了图书相关资料的收集、整理工作。本书编写过程中我们面临诸多困难：协会的第一、第二、第三届理事会没有电子文档记录，纸质材料也留存很少，从1978年到2003年这25年来，只保存下十几份协会的简报和少量的照片；协会第一届理事长茅以升、第三届理事长韩作黎以及非常熟悉协会工作的副理事长卞德培都因病去世了；协会第二届理事长仇春霖长期患病在家，编委会成员刘立、张式贤同志辗转联系到仇老的女儿，并安排到仇老家里进行采访。当他们说明准备编写协会35周年历程图书，并向仇老征求意见时，仇老的眼角流下一行热泪。遗憾的是由于多年的疾病，仇老已经无法用言语表达自己的心意。以上这些因素，使本书的编写失去了很多第一手的资料。

为了真实、完整地编写本书，我们找到协会早期的创办人之一，北京市科协科普部原部长黄寿年同志，他虽然也已经年过八旬，但对本书的编写工作给予了大力的支持。他精心梳理了协会成立前后的人和事，准备了大量的文字笔记，每次参加编委会议都提出宝贵的意见。协会早期工作的积极参与者、担任过协会不同时期领导工作的刘立、冷兆和、耿守忠、李宗浩等同志不但提供了不少材料，还亲自撰写自己的切身经历。赵萌同志担任过两届协会的秘书长，为了编写好本书，她从提纲到构思认真提出意见，付出了大量的心血。刘丁丁、张式贤、蔡涤华同志长期担任协会的副秘书长，她们为本书的组稿、编写、统稿等也做了大量工作。

一年多来，为编写此书召开了几十次大小会议，编写提纲和每一章的结构、文字都是几易其稿，反复推敲。经过编委会成员的共同努力，终于完成了《在改革开放中前行——北京科学技术普及创作协会35 周年历程》一书的编写工作。尽管我们做了大量的工作，但是由于资料不足，难免有疏漏和不足之处，衷心希望协会的新老会员给予批评指正。

在此，我们要感谢中国科普作家协会理事长刘嘉麒院士，他在百忙之中为本书撰写了序言，感谢中国科普作家协会秘书长石顺科等同志对本书的编写工作给予的指导和帮助。我们也要感谢目前仍活跃在科普创作一线的科普作家——本届协会的理事会成员吴海云、石磊、范春萍、范志红、尹传红、蔡皓东、郭耕、何丹等同志，他们都为本书精心撰写了稿件，付出了辛勤的劳动。

在成书之际，谨向所有为编写本书提供资料和支持帮助的同志致以诚挚的谢意！

向 35 年来为协会的发展和繁荣科普创作事业做出贡献的会员们致以崇高的敬意！

本书编委会

2015 年 6 月